小さな農でつかむ
生きがいと収入
定年就農
編著者　神山安雄
素朴社

まえがき…定年就農の現状と実例

この本は、50代、60代の人たちが農業にたずさわりながら、第二の人生を豊かに送るためのガイドブックであり、就農のための事例集である。

農村に移住して農業にたずさわりたいという人が近年、増えている。農業のもつ魅力や、都市生活にはない農村暮らしの魅力に、多くの人たちが気づきはじめたともいえる。

農林水産省の統計は、新たに農業が仕事の主になった「新規就農者」を、農業以外の仕事をやめて自営の農業をはじめた新規自営農業就農者と、独自に農地と資金を調達して農業をはじめた新規参入就農者、農業法人等に新たに雇用されて農作業をしている新規雇用就農者の合計としてとらえている。この新規就農者数は、２００６年の８万１０００人から２０１３年には５万１０００人に減少し、２０１４年には５万８０００人となっている。年代別でもっとも多いのは60代以上であり、２００６年が３万９０００人、２０１４年が２万７０００人である。50代まで含めれば、50歳以上が２０１４年で全体の６割以上を占めている。

農産物を販売している販売農家の農業就業人口は２０１５年、平均年齢が66・3歳と、減少と高齢化が進んでいる。これもあって、45歳未満で自営農業をはじめる就農者に対して、青年就農給付金を支払うなどの対策が行なわれている。

しかし、若い人たちだけでなく、全体の６割以上を占める50代、60代以上の新たに農業にたずさわった人たちも、農業・農村に新しい風を吹きこんでいる。60代以上の人たちが新たに農業をはじめた理由には、「農業が好きだから」「農村の生活（田舎暮らし）が好きだから」「自然や動物が好きだから」といった自然・環境志向や、「食べものの品質や安全性に興味があったから」「有機農業をやりたかったから」といった安全・健康志向からの理由が多い。

農業は、人間にとって日常的に必要不可欠な食糧を生産する産業である。また、農業は、自然の一部である土地を主要な生産手段にして、その上で生物（植物・動物）の成長力・生命力を利用しながら、生産を行っている。農業生産は、自然と完全には切り離して行うことができず、自然の再生産過程の中でしか行うことができない。そのため、農業は、環境を創造する産業でもある。

こうした農業も、現代社会では高度に発展した産業社会・商品経済の中で行われている。そのため、特に若い人たちは、農業経営においても「経済効率」を往々にして求めがちである。その中で、60代以上の人たちの「農業が好き」「田舎暮らしが好き」「自然が好き」という思いは、農業・農村社会のいちばん奥底にあるものにかかわる意味をもつといえる。

50代、60代以上の人たちもそんな難しいことを毎日、考えて農業にたずさわり、農村で暮らしているわけではない。１９８０年に、20代前半で農業を始めた、新規就農の先輩格の人に、「新規に就農し、農業を続けていく秘訣」を訊いたことがある。「あたたかな雨の後、野菜の種がいっせいに芽を出した。そんな日常的な小さな幸せ、喜びを感じつづけること。小さな幸せを積み重ねていくこと」「そうした積み重ねの中で、風の湿りぐあいや陽の光の温みが五感で感じられるようになる」――そう答えが返ってきた。

新たに農業を始めるまでのいきさつや、農業経営、農村暮らしのありようは、人によってさまざまである。一人ひとりが異なった道筋をたどってきたともいえよう。ここでは、50代、60

代で農業にたずさわった20組の人たちに登場していただいた。

1章「自然に還って耕す新しい暮らし」は、農村に移住して農園レストラン、農家民宿、ぶどう園を営んでいる秋田県、山梨県、岡山県、大分県の4組の夫婦の事例である。

2章「小さな農で稼ぐ」は、小規模なコメや野菜、くだものづくりに取り組んでいる4組の夫婦の物語である。

3章「こだわりの農で拓く第二の人生」は、定年後の第二の人生を有機農業など野菜づくりにはげんでいる人たちの取組みである。

4章「農でつむぐコミュニティ」は、東日本大震災の後に岩手県大船渡市で就農した元教師をはじめ、地産地消の農村レストラン、梨の産地の維持や耕作放棄地の解消に取り組みながら地域コミュニティを守る人たちの事例である。

5章「人生二毛作　農で起業」は、食用ほおづきを栽培している人、さくらんぼ農園や栗と落花生の農場を営む人、異色の植物工場（野菜工場）に第二の人生をかけ、文字どおり「業を起こしている」人たちの事例である。

人それぞれに物語がある。「人生二毛作」「第二の人生」と新たに農の世界に挑んだ人たちの物語は、それぞれに異なった光や彩りをもっている。

こうした20組の人たちの道筋と物語をたどることで、読者の人たちが農業・農村にかかわるそれぞれの道筋をさがしていくことに役立つならば、幸いである。

神山安雄

定年就農　もくじ

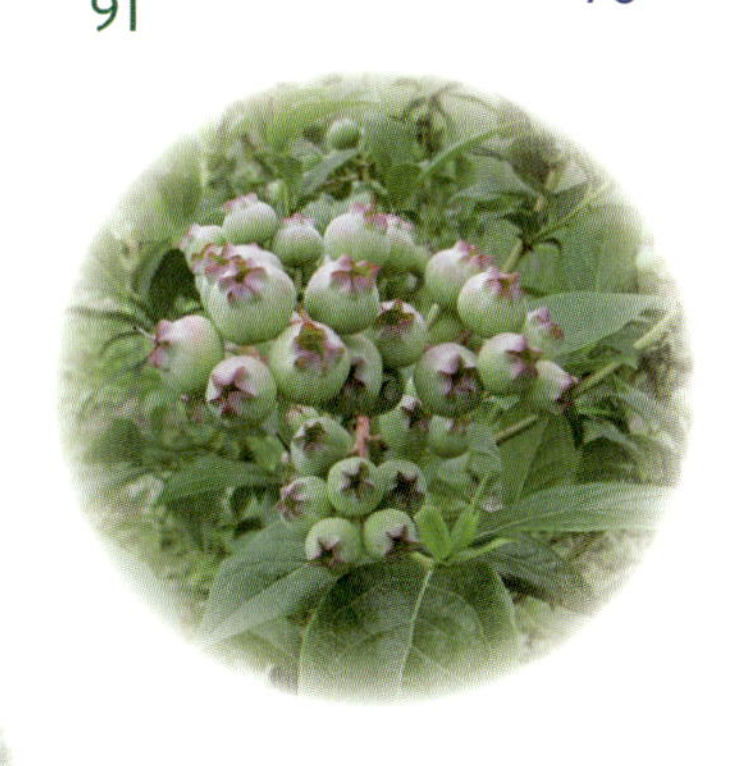

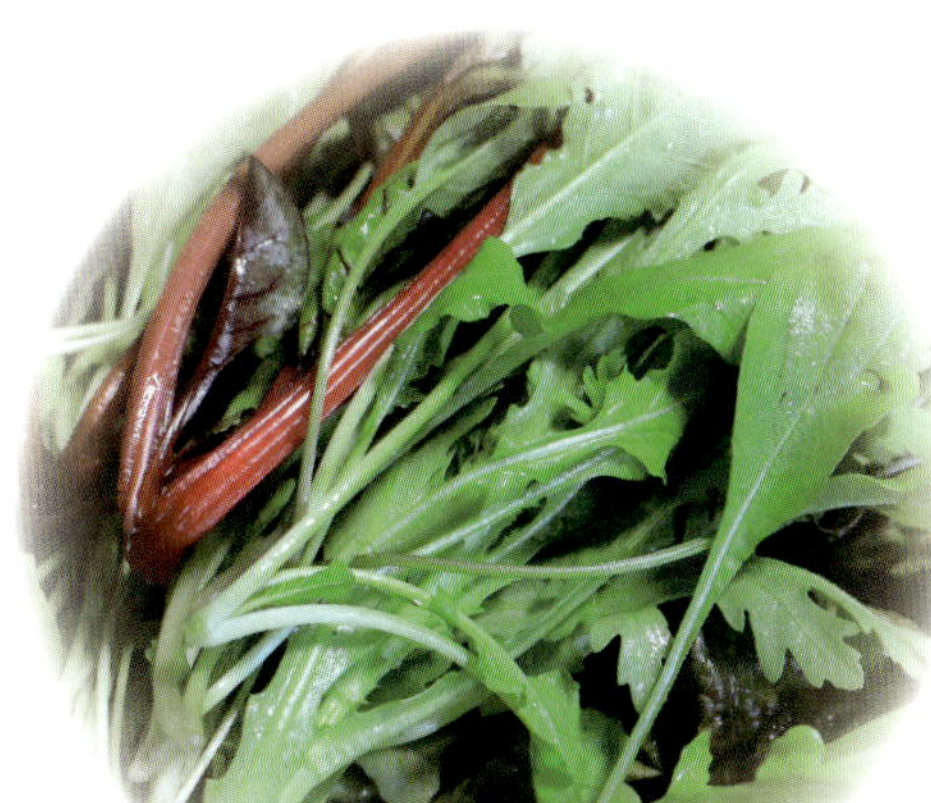

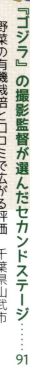

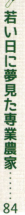

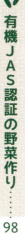

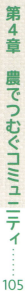

第5章　人生二毛作　農で起業

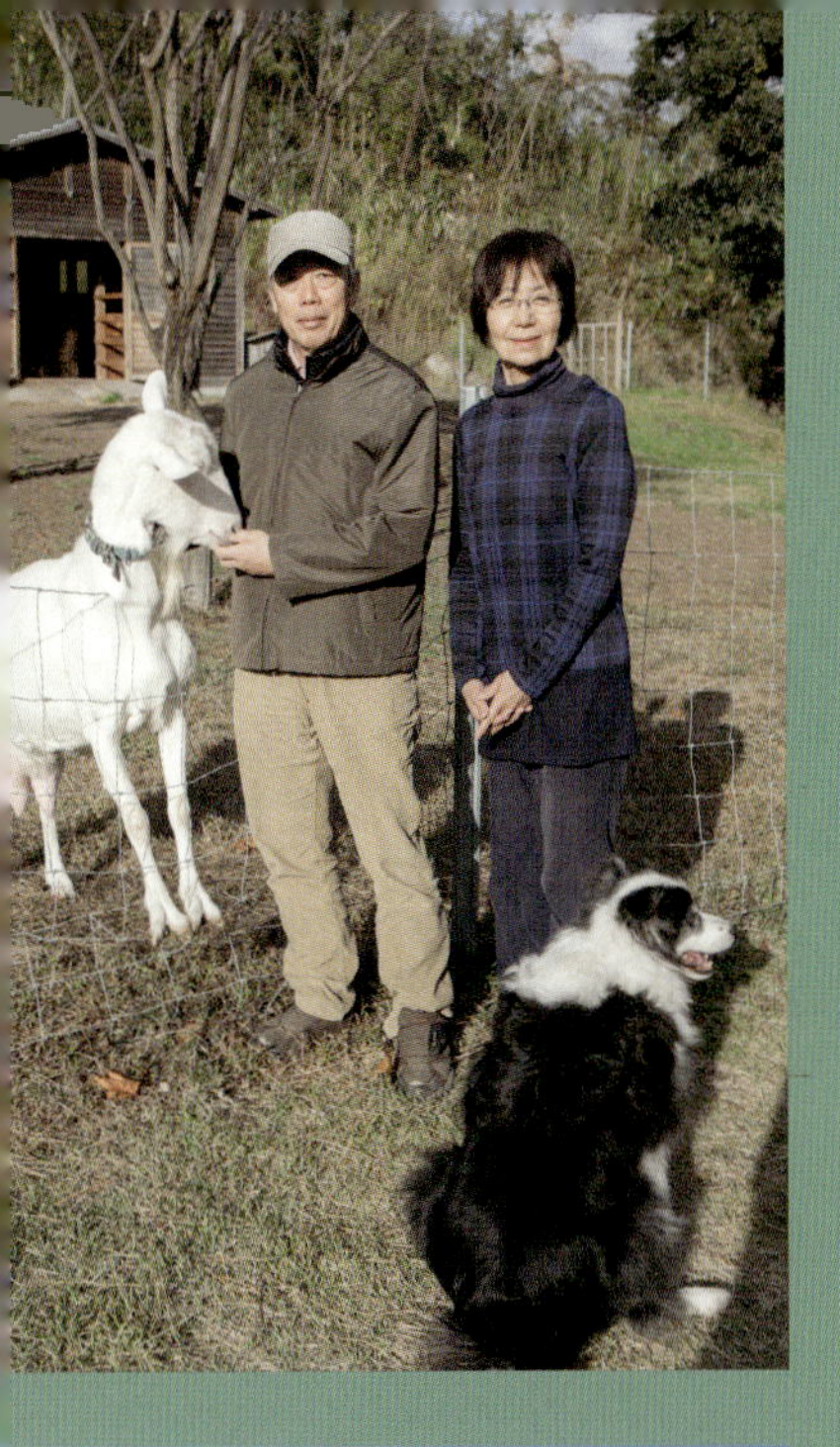

第1章　自然に還って耕す新しい暮らし

横浜から移住、夫婦で営む農家レストラン

農園りすとらんて・ハーベリー　山本 智さん・眞紀子さん
秋田県山本郡三種町

忘れられないレストラン

　大手の電気通信会社でプロジェクトマネージャーとして働いていた山本智さんには忘れられない光景がある。海外に進出する企業や国家プロジェクトの通信ＩＴシステム構築などを担当し、1年の半分ほどを海外で過ごしていた。イタリアのミラノで、現地の商社社長があるレストランに連れて行ってくれた。茹でたタコにルッコラを散らしてオリーブオイルをかけた料理やトマトだけのパスタ、軽くソテーしたポルチーニ茸料理は素朴なものが多かったが、すこぶる美味しい。気がつけば、地元の人で賑わう店内は、みんなの笑顔とおしゃべりで溢れていた。

「食にはみんなを笑顔にする力があるんだなあ、とすごく感動しました」

智さんが勤める会社には役職定年という制度があった。55歳で役を後進に譲ることになり、仲間のほとんどは、会社の斡旋を受け、子会社や関連会社に再就職する。それが人脈や技術、経験を活かし、生活も保証される手堅い道である。だが、40代半ばから湧き出ていた「もうひとつの違った人生にチャレンジしたい」という心の声に耳を傾けようと思った智さん。長く暮らしてきた横浜に愛着はあったが、年々さびれていくふるさとにこそセカンドライフをかけて切り拓くべき何かがあるのではないかというという思いがあった。

「最初は自分の中でなにが起きたのか良く分からない。なぜ田舎に向かおうとしているのか、そこでなにをやりたいのか。自分の内面と対峙して自問自答を繰り返す時間が必要でした。結局52歳になって初めて、家族に移住の話をしました」

入念な準備

智さんは秋田県秋田市、妻の眞紀子さんは青森県五所川原市出身で、ともに両親が健在なこともあり、退職を2年後に控えた2008年には移住先を秋田県内に絞っていたという。そこで、まずNPO法人ふるさと回帰支援センターを訪れ、移住の相談に乗ってくれる自治体やNPOの窓口に連絡をとってもらい、実際にそれぞれの市町村に足を運ぶことにした。北は藤里町から南は湯沢市まで。三種町には、相談員の勧めがあって「なにげなく寄ってみた」

移住先に中山間地の風景をイメージしていた智さん。海に近い三種町は平地が多くその理想とは違ったが、一生懸命、案内してくれた町の担当者やNPO法人の理事長の人柄がよく、横浜に戻ってからも、町で出会った人たちを思い出し、忘れられなかった。

それから2年間山本さん夫妻は8回にわたって横浜と秋田を往復。年に4度、季節ごとに町を訪れ、最初の1年で住むところを三種町で探すことに決めた。「移住先を決めることも大事でしたが、行ったり来たりしながら、『自分は一体何がやりたいのか』をクリアにすることがより重要でした」

料理が好きな智さんは、以前から週末は料理当番として腕を振るい、「家族の厳しい審査を受けて」腕を磨いていたようだ。田舎に広大な土地を求めて農園を拓き、ヤギや鶏、ミツバチを飼い、花を咲かせて、野菜やハーブ、果樹を栽培する。そういう食循環の生活環境を創ってみたい。そして、そこに住宅と兼

用の店舗を建て「自分たちのライフスタイルを開放する場としてレストランを開きたい」と思っていた。

三種町を行き来するなかで山本さん夫妻の構想が固まり、100ページを超える計画書にまとめあげたという。

「何をしたいのか見えていない段階では、見知らぬ土地で経験のない仕事を起業することに、憧れと同時に恐怖を感じました。失敗したら取返しがつかないからです。1年かけて具体的なビジョンが見えたとき、その恐怖心がふっと消えていくのが分かりました。やらないで後悔するより、やるだけやってみようと腹をくくったのです」

土地探しが始まった。引き続き町やNPOの担当者に相談し、何度もやりとりを繰り返しながら、30件以上も見て回ったとも。山本さんたちの真剣さが想像できる。そして、ようやく今の土地に辿り着いたのは、町を6回目に訪れた時だったという。長く放置された約1000坪（約3300㎡）の土地は、ツタや竹が鬱蒼と生い茂る荒地だったが、この前を通ったとき、眞紀子さんが「ここよ。ここにしましょう」と声を上げた。

地元の人たちとの交流に力を注ぐ

智さんは振り返る。「私にとって天の声でした。三種町は平地が多いのですが、ここは、

周囲が山に囲まれていた。その囲まれ感がいいなあと思いました。それから２人の地権者の方と何度もお会いして誠意を伝え、土地を譲っていただきました」

２０１０年４月、山本さん夫妻はついに三種町に移住する。空き家に仮住まいしながら、まずは荒地の開墾に取り掛かることにした。

「廃屋には夥しい生活用品が残され、放置された庭木は大木となっていたんです。２トントラックを借り、大量のごみを処分し、廃屋を解体して庭木を伐採しました。なかには樹齢60年の松の大木もあり、自分たちで出来ないところは業者に重機を入れてもらいました。こうして夏頃には整地も済み、その年の12月には店舗兼住宅が完成し、次いで翌年１月にはヤギ小屋も建てました」

移住して1年間は開墾以外「基本的に何もしない」と決めていたものの、寄り合いや自治会の集まりなどには積極的に参加し、地元の人との関係づくりに力を注いだという山本さん夫妻。２０１１年４月から1年間、智さんは町の臨時職員として地域づくりにも関わった。現在でも地元ＮＰＯの役員や県・町の委員会活動、お祭りやイベントの幹事役など、その活動は幅を広げている。

２０１１年7月、「農園りすとらんて・ハーベリー」を開業。当初の1年はカフェスタイルにし、翌春からレストランとしてフルオープンしている。メニューの工夫や営業スタイルを模索しながら、現在は予約制のレストランとして営業する。地元でとれた魚介類や農家から仕入れた野菜や肉に加え、自家菜園で育てた無農薬のイタリア野菜やハーブ、ベリー類、飼育しているヤギのミルクなどを使い、素材の味を生かした料理を組み合わせ、お任せのコースメニューとして提供している。

「人脈こそが宝です。店のお客さまになっていただくという単純なことではなく、様々な人たちとの交流が、活きた地域情報をもたらし、移住先での生活に彩りを与えてくれます。それが何より楽しいのです。この地域に根差して暮らしているという実感が持てます」

里山の循環型生活をめざして

智さんは農業や調理、レストランの経営について本格的に学んだことはない。横浜の市民農園で野菜を育て、趣味のひとつとして料理をつくっていた程度である。しかし、「農も食も人間の原点にあるものだから、ふるさとという原点に還ることに重ね合わせて、素人だからこそできる何かが必ずあると感じていました」と語り、さらに続ける。

「いつだか会社の後輩が遊びにきた時に『山本さんは何も変わっていない』と言われました。生活のスタイルが180度転換し、やろうとしている対象も大きく変わりましたが、

物事に取り組む姿勢やプロセスの持ち込み方は、長いビジネスマン生活で培われたものがあります。ただ調理や栽培の技術は、そうはいかない領域。独学ながら試行錯誤を厭わないできっちり会得しようと取り組んでいます」

移住前、「自分がやりたいことは里山の循環型の生活を実現することだ」と気づいた智さん。畑でとれたものを食卓にあげ、余った野菜はヤギにあげてミルクをもらう。そして、そのヤギの糞を堆肥にして、また畑に戻す。そういうホンモノがあれば、そこに共鳴を感じて訪れる人が必ず現れると思っていた智さん。

「この町を湖（＝マーケット）に例えるなら、小さ過ぎて舟（＝飲食業）を浮かべることができません。けれど、情報通信網と交通網の発達した現代であれば、湖に水（お客さま）を引き込むことができるのではないか、と思うのです」

オープン当時、食材の仕入先さえ分からず、近くの食堂の人に教えてもらったと笑う智さん。「農業やレストランの経営に詳しかったら、そもそも移住も起業も出来なかったかもしれない」と振り返る。「農園りすとらんて・ハーベリー」は飲食業の常識と言われるセオリーに敢えてとらわれず、原価率やメニューの組み立て、予約制や時間割性といった営業スタイルなどを独自の考え方で進めている。「常識に添っただけの飲食店であれば、わざわざこんなところまでお客さまは足を運ばないでしょう。ここに来なければ味わえない料理やサービス、雰囲気などオンリーワンとはなにかをいつも考えています」

さらに菜園で育てる野菜選びにもひと工夫している。

「周囲の農家が作る野菜はそこから仕入れ、自家菜園ではその野菜を補完するようなイタリア野菜やハーブ、ベリー類などの果樹を育てています」

3年過ぎた今、半数を超えるお客さまがリピーターになっているようだ。

「今後の課題は季節変動です。繁忙期と比べて、雪に閉ざされる冬期は売り上げが極端に落ち込みます。この極端な差を埋めるためになにかアウトバウンドできるような商品を開発できないものか、検討中です」

草を食べさせるため近くの山をヤギと一緒に歩くと、「人間とヤギと草が同列になるような」不思議な感覚になるという。「自然に包まれると自分の中に澱(よど)みのように溜まった傲慢さが溶け出し、謙虚さと感謝の気持ちが湧き出るようになった」と変化を感じる智さん。最近では、地元の人から「地元の人間になるな。それがお前の魅力なんだから、ずっとよそ者でいろ」と言われるほど、地域の一員として

重要な役割を担っている。

「自分はどこで何をしたいのか。分かっていない。案外その肝心なことが分かっていない。自問自答を繰り返しながら、それをクリアにすることが大事じゃないでしょうか。そこに人生を切り拓いていく希望や光明をみいだせば、腹を括って前に進もうと思うようになります。それは自分のパラダイムをシフトして、何かやろうとする時に必要な禊（みそぎ）のような気がします」

取材後、眞紀子さんに「こちらでの生活はいかがですか」と質問すると長い間のあと、「一生懸命生きている気がする」という言葉が返ってきた。喜びも苦労もすべてが、その言葉に凝縮されているのではないだろうか。

夢は自分のワイナリーをもつこと

小牧ヴィンヤード　**小牧康伸さん**
山梨県北杜市

畑の中のワインカフェ

山梨県と長野県にまたがる八ヶ岳。その南麓、甲斐駒ケ岳を間近に望む丘に広がるブドウ畑の中に、小さな「ワインカフェ」がある。オープンは、2015年11月。このブドウ畑「小牧ヴィンヤード」の主・小牧康伸さん、ミチ子さん夫妻が満を持してはじめたカフェである。

それまでもブドウづくりの一方で、小牧さんが主宰する折々の農業体験やワインのセミナー、ブドウ収穫などのイベントのために農園を訪れる人たちの交流の場として、自宅を開放してお茶やスィーツ、ワインを楽しんでもらっていた。その自宅に新たに宿泊スペースを完備し、ワインカフェ・メルルとしてスタートしたのだ。

「お泊まりいただけるのは1組だけですけど、お帰りを気にせずにワインを楽しんでいただけます」

メルルで提供するワインは、もちろん小牧ヴィンヤードのブドウでつくられた〝自園ワイン〟である。

「ここは南に向かってなだらかに傾斜しているので、陽当たりも水はけもよくて、ブドウの栽培にはとても向いているんです」

標高820m。1haの畑に、現在約2700本のブドウの木を育てている。品種はメルロー種、カベルネフラン種など、すべて醸造用のブドウで、2013年にはじめて樽で赤ワインを仕込めるだけの収穫量があった。1樽は255ℓ、瓶にして300本。

「今まで何とかやりくりしながらやってきたのですが、ようやく自分のワインを売り、ビジネスにしていけるかな、という手応えをもてるようになりました」

小牧さんは酒類販売免許も取得し、カフェの一隅にショップも併設した。

高原のブドウ畑を吹き抜ける爽やかな風を受けながら農業体験をし、夜はミチ子さんの手づくり料理とともに、目の前の畑で穫れたブドウでできたワインを心ゆくまで堪能する。じつに贅沢な時間を過ごせるにちがいない。

しかもワインをサーブしてくれる小牧さんは、帝国ホテルに約30年勤務し、日本ソムリエ協会の第1回シニアソムリエ認定試験にも合格している、日本のソムリエの草分けの一人なのである。

ワインとの出会いは、帝国ホテルに入社したばかりの頃だったという。

「1975年です。まだソムリエという言葉を日本ではあまり聞かなかった頃です。ホテルの近くでワインを飲んだのですが、それがとても美味しかったんです」

その後、24歳で、帝国ホテルからニューヨークの日本総領事館大使公邸にバトラー（執事）として派遣されることになった。ちょうどアメリカでワインブームが起きていたときだ。小牧さんのワインへの関心と造詣がますます深まっていった。

スローライフに憧れて

山梨県は小牧さんの故郷である。1954年に3人兄弟の三男として、甲府に生まれた。山梨は生食用のブドウの栽培で知られ、甲府でもブドウ農家が数多くあった。

「学校の行き帰りに、よく道沿いの畑から1粒、2粒もいで食べたものですよ」

と、顔をほころばす。小牧さんにとってブドウは馴染み深い果物でもあった。その故郷に、48歳で帝国ホテルを早期退職して戻ってきた。しかし最初から農業をやろうと考えていた

わけではなかったという。

なにより自然が好きでスローライフの生き方に憧れていたこと、両親も高齢になっていて近くにいたほうがいいと考えたこと、そして母親が小淵沢にこの土地をもっていたことが大きかったようだ。

「ここに住んで、これまでの自分のキャリアを活かした仕事を故郷でやることができればいいなと考えていたのです」

小牧さんは地元のゴルフ場のレストラン支配人として働き、ときにワイン講習のイベントを開催したり、また地元の短期大学で非常勤講師として帝国ホテルで身につけた接客マナーやおもてなしの講義を担当するようになった。

そんなとき地元のワイナリーの醸造家からブドウの苗木をもらったのだ。

「植えてみると、まがりなりにも育つんです。面白いなと思いました。自分の育てたブドウでワインを作ってみよう。そう思ったのが農業をはじめるきっかけでした」

２００９年にゴルフ場を辞め、県立の農業大学校で1年間の研修を受け、本格的にブドウ作りをはじめたのだった。

「大学校では農業の基本を学び、実習先の地元のワイナリーでは、栽培と醸造を教えてもらいました」

先輩農家の方からアドバイスをもらい、さらに工夫を重ね、毎年１００本、２００本と苗木を植え足していきながら、2700本のブドウ畑を作りあげてきたという。ワインも最初は150本ほどの木から穫れたブドウを原料に瓶で30本つくるのがやっとだったのが、ようやく1樽つくることができるまでになった。

ワインはヴィンヤード（ブドウ畑）でつくられる

農業の苦労や大変さを伺うと、

「四季折々にやらなければいけないことが決まっている、ということでしょうか。そのときを逃すと後にまわせない。だからとても規則正しい生活をしないといけなくなりました。それと、やはり農業は重労働だということですね。その意味で、まだ気力、体力があるうちに早期退職したのは正解だったと思います」

まだ空気が冷たい春先、休眠中のブドウの木の剪定をする。これが1年の作業のスタートだ。1本1本ていねいに枝を切っていく。樹形を整えたり、収穫量を調整するために、とても大切な作業になるという。

「5月になれば新芽が出てきます。本当にあっという間

に芽はぐんぐん伸びるんです。この時期の心配は遅霜ですね。農業というのは人間の努力は10パーセントか20パーセント。あとは自然が頼りです。これも大変さのひとつかもしれませんね」

十分に芽が伸びると、よぶんな芽を取り除いたり、樹形を考えながら枝をワイヤーで固定していく。やがて害虫との闘いがはじまる。夏になるとブドウの房のまわりにある細い枝を取り、さらによぶんな葉を取り除いて風通しをよくする。9月には、病気の実や未熟な実をハサミで落としていくのだ。そうしてようやく秋の収穫を迎えることになる。

小牧ヴィンヤードでは、農薬や化学肥料にたよらない自然農法でブドウを育てている。これが小牧さんのこだわりだ。

「ワインは最も自然に近いお酒です。『ワインはヴィンヤード（ブドウ畑）でつくられる』という言葉があるんですが、本来は畑にいる酵母菌だけで醗酵させるお酒なんです」

たとえば日本酒はその醸造の過程で、蒸した酒米に酵母菌を振りかけていく。だが、ワインは自然醗酵に任せてつくるのだ。だから、一つひとつの畑の個性がそのワインの個性になっていく。アルコール醗酵には糖分が必要で、醸造用のブドウは生食用のブドウよりも糖度が高いのだそうだ。

「糖度が20度以上ないとアルコール醗酵ができないんです。だいたい自園のブドウは糖度が24度くらいあります。生食用のブドウは甘くて16度くらいです。かつて山梨ではあまった生食用のブドウでワインを作っていたので糖分を加える必要があったのです。ブドウだけでいいワインをつくろうと思えば、いい醸造用のブドウを育てないとだめなんです」

小牧さんは、日本でもフランスのようにそれぞれのヴィンヤードがワインのブランドになっていくことを願っている。

自然の中で働ける喜びを実感

山梨で古くから栽培されているブドウの品種に「甲州」がある。県でDNA鑑定をしたところ、甲州は醸造用のブドウであることがわかったという。

その甲州をつかった美味しい地ワインをつくろうという動きが、いま山梨ではあるのだそうだ。しかし、小牧さんは、自分は甲州を栽培しようとは思わない、と話す。

「私には時間がないからです。ブドウを収穫できるのは1年に1回。61歳という私の年を考えると、あと20回ワインをつくれるかどうかです。甲州を使っていいワインをつくるためには、何年もかけてまずは元気でいい樹になる種をつくっていかなければなりません。その時間がもったいない。それより外来種のいいブドウを育て、いいワインをつくることに時間を傾注していきたいんです」

ブドウ畑をやるようになって、本当に1日1日を大切に感じられるようになった、と小

牧さんはいう。

「なんていえばいいのか、自然の中で働いていると自分も自然の一部なんだなあって、つくづく感じるんです。都会で働いていた頃にはなかった感覚です。ここにきてよかったと、心から思いますね」

夢は、小さいながらも自分のワイナリーを作ることだと話す。3トンの収穫量があれば小規模ワイナリーをつくることができるのだそうだ。

いまはワイナリーに委託して、ワインを醸造してもらっている。

「もちろん、うるさいほど条件をつけて頼んでいるんですが、やはり自分のところでつくりたいですよね」

そのワインを傾けながら、さまざまな人たちと楽しいひとときを共有する。それが小牧さんにとってワインづくりのいちばんの楽しみなのだ。

これから就農を考えている人たちにアドバイスを、と問えば、小牧さんはこういう。

「人生朝露の如し、といいますよね。人生なんてあっという間に終わる。最近、しみじみとそれを感じるんです。悔いをのこさないよう、自分が信じる道にチャレンジしていくのがいいと思います」

本当にやりたいと思うのなら、まず一歩を踏み出すこと、道は必ずそこから拓けていく、ということなのだろう。

無農薬野菜でもてなす農家民宿

園田ファーム　園田良美さん・寿美恵さん
岡山県久米郡久米南町

笑顔の名物お母さん

岡山市から車で北に向かい、安全運転で約1時間。岡山県のほぼ中央に位置する久米南町に、農家民宿の「園田ファーム」はある。海抜約480ｍの高地は空気がうまく、夜には満天の星がきらめく。

ファームを営むのは、園田良美さんと寿美恵さん夫婦。兵庫県尼崎市からのＩターン移住組だ。寿美恵さんは、「農林漁家民宿おかあさん100選」にも選定された名物お母さん。いつも笑顔で、少し早口の関西弁に人懐っこさがあふれ出ている。

「田舎やけどな、ここまで生協も農協も来てくれる。それに車で10分も走

れば スーパーもある。便利なもんや」

そもそも田舎暮らしの発端は、夫の良美さんが「田舎に暮らしたい」と言い出したことだった。良美さんは、熊本県の農村地帯の出身で、子どもの頃から、農業はもちろん炭焼きやイノシシ獲りなど、半農半林の暮らしを送っていた。

20歳で大阪に引っ越し、大手の農機具メーカーのサラリーマンとして都会暮らしを送っていたが、農業への思いが募り、溢れてしまった。

「川をのぼる鮭みたいなもんや。田舎に戻りたかったんやろうな」

反対に寿美恵さんは、三代続く大阪生まれの「シティーガール」。だが、中途退職してまで田舎暮らしを望む良美さんに、半ば押し切られるように承諾した。とはいえ、都会しか知らない寿美恵さん。

「ほんまに自分が田舎に住めるか、心配やってん。だから、条件を出してん」

その条件とは、一つはトイレは水洗にすること。もう一つは、民宿を開業することだった。

実は須美恵さん、大阪京橋の割烹亭で修業を積み、友人と共同で営んでいた定食屋で7年ほど厨房に立っていた料理名人なのである。民宿なら料理の腕を振るえるし、お客とおしゃべりすれば、田舎でも寂しくはないと考えた。

引っ越し先は、「どちらの実家にも近い」西日本に的を絞った。鳥取、島根、広島、兵庫と各地を見て歩いた。当時は行政の情報はほとんどなく、各地の不動産屋を回って情報を集めた。その中で、ぴったりの物件があった岡山の久米南町への移住を決めた。農業と民宿にぴったりな、土地付きの古民家だ。
「どうせ田舎暮らしするなら、古民家に住みたかったんですわ」

古民家をリフォームし、荒地を農地に

探し当てた物件は、囲炉裏のある母屋が築130年のまさに古民家。比較的新しい離れでも昭和初期の建物だった。たった7年の空き家期間でも、痛みは相当ひどかった。家の資産価値はほとんどゼロで、リフォーム代金は「田舎の家が一軒買えるほど」だったという。水道を引いたほか、水洗トイレのために合併浄化槽も導入した。

それ以上に厄介だったのは、棚田の農地だった。荒れ放題で、ほとんど原野の状態だった。葛の根、ススキの根、笹の根が地中にびっしり張り、農機具でも掘り起こせないほど手ごわかった。親類や友人を募り、鍬を振り、土を手作業で掘り起こした。それでも、まだ土が固い。石が

地中に残り、真っすぐな大根ができるまで3年かかったという。

今も一部では面影を留めているが、この一帯は昭和50年ごろまで、美しい棚田の景観を誇っていたという。

ちなみに家を購入したら、もれなく8300坪(約2・7ha)の土地や山も付いてきた。「そんなんいらん言うたけどな。田舎に住むなら、買うのは家だけでええで、ホンマ」。中山間地には、耕作放棄地が大量にある。本当に、残念なことでもある。

2002年に「園田ファーム」開業。良美さん59歳、寿美恵さん53歳の出発だった。良美さんは田舎育ちだけあり、野菜作りのノウハウは一通り身につけていた。その上で、強いこだわりを発揮。有機肥料で育てる、美味しく安全な無農薬野菜作りに取り組んだ。

とはいえ、無農薬はとにかくしんどい。棚田を利用した畑の面積は300～400㎡程度だが、人手は夫婦2人だけだ。

「夏は草刈りばっかりや。終わったと思ったら、最初に刈ったところの草がもう生えてる。でも、農薬使ったら、意味がないんやなぁ」

最大の悩みは、やはり害虫対策だ。特に格闘するのが葉物野菜。

「キャベツの虫なんか、ピンセットで1日100匹くらい取るわ。池に放ると、コイやフナが喜ぶわな。でも明日も、また明日も取らないかん。どっから湧いてくるんやろうと思うわ」

農家になって初めて知る完熟野菜の美味しさ

野菜は民宿の食事用と自分たちで食べる分だけを作っている。だから、野菜の形状にはあまりこだわらない。

自然にもいろいろと教わった。ムカデはゴキブリを食べ、スズメバチは野菜の害虫を食べてくれる。ハエやアブはツバメの餌になる。だから、むやみに虫を駆除するとそのバランスを崩すことになる。自然とうまく折り合いをつけることを学んだ。

初めて枝豆を作り、塩茹でにした時の感動は今でも忘れられないという。

「豆類はとれたてが一番美味しいな。とれたての枝豆がどんだけ甘いか！ビックリしたで」

1年を通じて季節の野菜がとれる。冬場でも、白菜や大根、カブ、水菜、ブロッコリーなど実りは豊かだ。

「霜や雪に当たった白菜は、すごく甘いねん。ブロッコリーも柔らかさがぜんぜん違う」

自分で野菜作りをして、初めて分かったことも多い。例えばトマトだ。

「トマトは、朝露を受けたもんが一番糖度が高いんよ。そらもう、ビックリするくらい甘い。でも完熟やから、送ってあげると身が崩れるねん」

スーパーなどで販売されているトマトは、日持ちを考慮して完熟する前に収穫される。だからスーパーの店頭に並んだときも、身が崩れることはない。

「キュウリもナスもそうやけど、完熟した野菜の美味しさは、全然違う。それは生産地でないと食べられんねん。それが田舎暮らしの特権やな」

それでも、1年目の出来栄えはあまり満足のいくものではなかったという。しかし、そこは「関西のおばちゃん」。近隣の農家に話しかけては仲良くなり、ついでに野菜作りのアドバイスをもらい、活かしていった。

「田舎の人は、遠目から眺めてる。話したいんやろうけど、恥ずかしいんやろな」

だから、こっちから話しにいくと、相手も心を開いてくれるそうだ。

「田舎懐石」に舌鼓を打ち、囲炉裏を囲んで交流

無農薬野菜をふんだんに使った民宿の料理は、寿美恵さんいわく「田舎懐石」。かつて修業した懐石料理の技法を取り入れた、素朴かつ繊細な味わいが好評だ。

とはいえ、野菜そのものの味が力強いので、それを引き立てる調理に徹する。食べて

みると、大地の恵みをそのまま味わっているように感じる。自家栽培だけでなく、隣近所から農産物を分けてもらうことも少なくない。大きすぎて規格外品になった黒豆は甘露煮に。梅干しも、他の家庭の分まで漬けるという。

また、春になると大量のタケノコが地面から顔を出す。「春はこれが目当ての人が多いな。朝、みんなでタケノコを掘って、その場で皮をむいて、外のかまどで湯がくんや」

春は山菜摘みも人気で、ワラビやタラノメ、コゴミなどがいっぱい摘めるそうだ。個の単位ではなく、集落とその風土が一体化した食の循環が、そこにはある。

その一方で、この地域では過疎化が進み、周囲の住人のほとんどは後期高齢者だ。今年72歳の良美さんでも、この集落では若手。66歳の寿美恵さんは言うまでもない。

「だから、(地域の)役がいっぱい回ってくんねん。そっちの方が忙しいくらいや」

良美さんは地域老人クラブの会長。寿美恵さんは同役員と、「愛育院」という高齢者サロンの代表も務めている。こうした「田舎の付き合い」ができない人は、そもそも田舎暮らしができないかもしれない。寿美恵さんは自身の体験も交え、他の移住者にアドバイスを送ることも少なくない。

気になるのは、5年後、10年後の展望だ。その辺りを聞いたところ「成り行き任せやな!」

という、あっけらかんとした答えが返ってきた。

「私たちは、阪神大震災を経験してるから」

尼崎の家は屋根瓦が落ちた程度だが、大阪の実家は全壊したそうだ。

「だから、先のことなんか分かるかいな。人生最大の不幸やけど、地震で価値観がゴロッと変わったわ」という寿美恵さんにとって「今を一生懸命に生きる」ことが幸せにつながっているにちがいない。

農家民宿の開業から13年。ホームページもブログもないが、宿泊客が自分のブログやSNSで民宿の思い出を発信したことで、全国から人が訪れるようになった。

「1人で来る子も多いよ。農業に憧れる農ガールとかな」

今では、はるばるアメリカやカナダから訪れる人もいるほど。囲炉裏を囲んでの交流が、宿泊客の何よりの楽しみだ。

「食べてみ。うちの畑でなった栗と、ご近所さんからもらった小豆を炊いて作った栗ようかん」

差し出されたそれは、どこまでも優しい素朴な味がした。その傍らでは、看板犬のハチとユズが、穏やかな瞳をこちらに向けていた。

第二の人生をブドウ作りにかけて……

安心院（あじむ）農園　川村貞恵さん・文孝さん
大分県宇佐市

アパレルのデザイナーからブドウ農家に転身

大分県宇佐市安心院（あじむ）町。この緑豊かな丘陵地帯で、ブドウ園「安心院農園」を営むのが、川村貞恵さんと文孝さん夫妻だ。

文孝さんは24歳で大阪市内で子ども服のデザイン会社を立ち上げ、二人でバリバリ働いた。そして、

「50歳になったら田舎暮らしをしようと、夫婦で話し合っていました」

47歳の頃から、週末を利用しては候補地を一つひとつ見学に回った。そんな時に目にしたのが、「田舎暮らし」をテーマにした専門誌の巻末だった。そこには、就農を前提に、移住を斡旋し

てくれる市町村の一覧表が記載されており、そこで、安心院町でのブドウ栽培を知った。貞恵さんは「私たちは2人とも大阪の出身で、要するに田舎がないんです。ですから第二の人生を送るなら、中途半端な田舎は嫌だったんです」

そして文孝さんが付け加える。

「私たちはリタイア組じゃない。田舎に住むなら、仕事は専業と決めていました。家庭菜園では、半年もすれば飽きてしまうのではないかと考えたのです」

ちなみに宇佐市内では、ブルベリーやシイタケでの就農も斡旋していた。その中からブドウを選んだ理由について文孝さんは語る。

「スイートピーやシイタケは、市場を通す必要があります。でもブドウは、自分の力で売ることができる。自分で生産も、販売も、すべて自前でやりたかったんです」

今まで手掛けてきた子ども服のデザインは、最終的に、誰がどこで服を買って、着ているのか見えないのが嫌だった。だから、ブドウは農園に足を運んでもらい、話をしながら、納得してブドウを食べてもらいたかった。文孝さんは、

「2人ともブドウが好きなので、たとえ事業として失敗しても、ブドウをお腹いっぱい食べればいい。そんな感覚でした」とまで言い切った。

２０００年11月に晴れて就農し「安心院農園」を設立。デザイン会社時代は文孝さんが社長だったので、第二の人生では立場逆転。貞恵さんが社長、文孝さんが番頭になった。

気になる資金は、今まで働いた分を吐き出した。

「お金の面は、度外視しました。なぜなら、その心配をしたら、何もかも忘れて、本当に好きなことが出来ないからです。これまでの人生は、子どもを育てるために、必死に働かなければならなかったのですから。しかし第二の人生は、何よりも面白いことをしたかったのです」。安心院の地を選んだ理由はもう一つあった。それは、紹介された土地が平坦だったことだ。当たり前のブドウ作りでは、古参の農家には太刀打ちできない。そのため、全く新しい栽培方法を検討してみた。そして探し当てたのが「根域制限栽培法」だった。

ブドウの木を地面に植えると、当然ながら地中に深く根を張り、栄養を吸って生長する。しかし大地が相手なので、管理がしづらい。根域制限栽培法は、４００ℓの大きなプランターに1本のブドウを植える。大地に直接植えないし、水はもちろん、土や堆肥の成分も自由に調整することが可能で、ブドウ本来の自然の味に近づけることができる。

また通常、ブドウ園を開園するには木の生長を待って４〜５

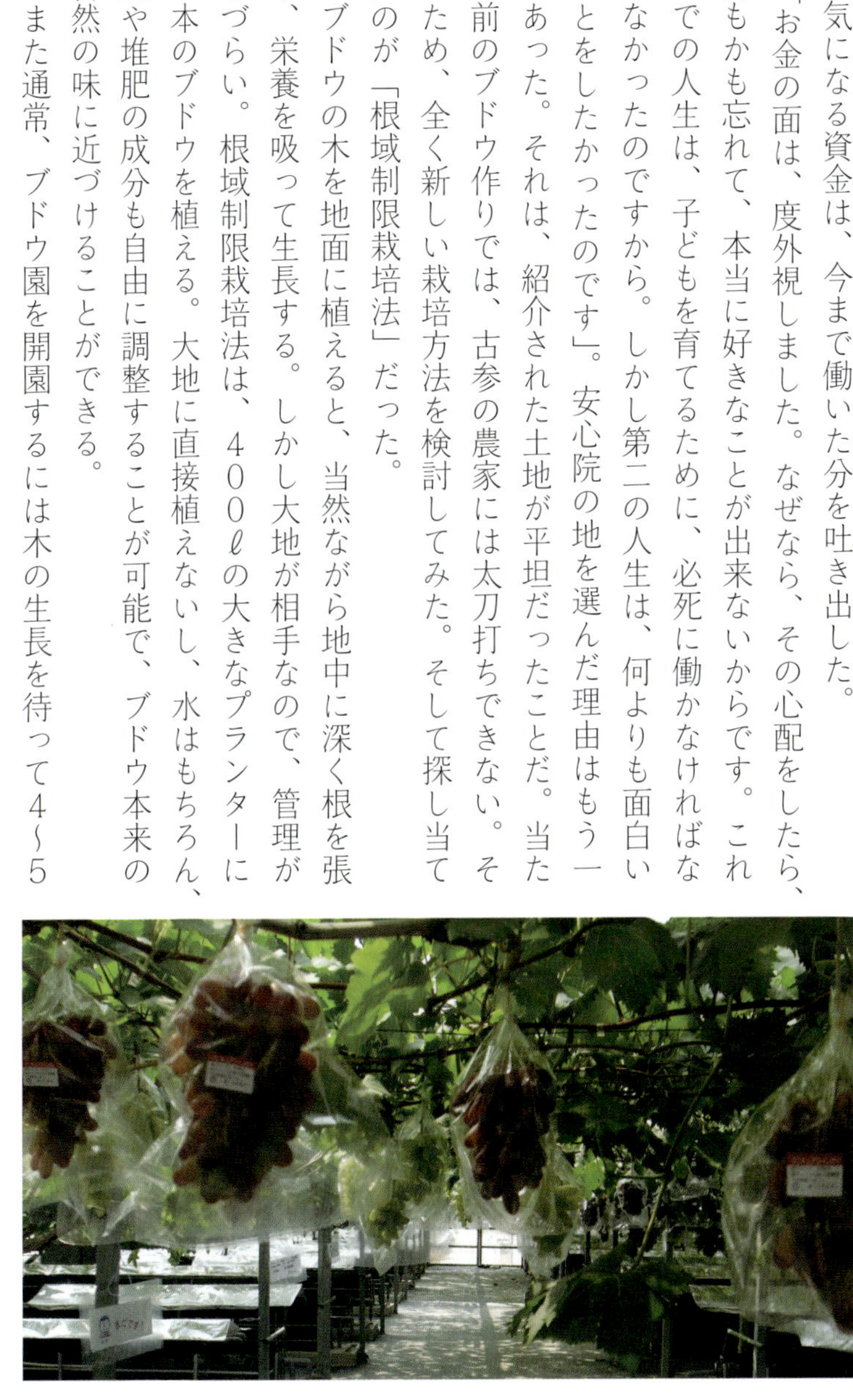

年はかかる。しかし根域制限栽培法なら密植が可能なので、木が大きくならなくても、何本もの小さな木でカバーでき、植樹した翌年には開園が可能なのだという。

夫婦で、実際に根域制限栽培法を実践しているブドウ農家を見学した。

「『エエですか？』と聞いたら『エエですよ』と答えてくれました。その言葉に賭けました」。

365日、ブドウと向き合う

それからは1年365日、来る日も来る日もブドウと格闘する日々が続いた。1年目はピオーネを植え、次に8種類のブドウを植え、少しずつ増やしていった。翌年から予定通り、8月初旬～9月下旬にブドウ狩りを開催できたという。

エコファーマーの認定も取得した。たとえば、ブドウの枝や落ち葉は集めて堆肥にするなど、可能な限り循環型農業にこだわっている。根域制限栽培法のマニュアルでは、化学肥料の最小限の使用が指導されているが、虫が入らず、雑草が生えない設備管理を徹底していることで、

「化学肥料を使わないことにしています」と、文孝さんは胸を張る。

そう書くと、すべてが順風満帆だったように思えるが、

「実際には、失敗の連続。思ったような品質、収量に迫るのは至難のことでした」

転換点の一つは、２００４年に農地内に作業小屋を建てたことだ。それまでは、車で15分かけて町営住宅から通っていた。しかし、害虫は夜に行動を開始する。いちど家に帰ったら、害虫駆除のために農園まで引き返す気力はなかった。

「本気で農業を志すなら、通勤は無理なんです」

実際、優良農家といわれる人たちのほとんどは、農園の横に家があるという。ともあれそれ以降は、24時間ずっとブドウと向き合えるようになった。しかし、

「それでも、上手くいかなかった。というか、これで本当に正しいのか、確信が持てなかったんです」

自分のやり方を貫きたい。とはいえ、新規就農だ。頼りにするべき「経験」が圧倒的に不足し、周囲に手本もなかった。野菜なら簡単に栽培法をリセットできる場合もあるが、ブドウはそうもいかない。焦りが募った。

そんな時に知り合ったのが、あるブドウ栽培の専門家だった。ブドウに対する熱い思いを共有すると、栽培指導の協力を買って出てくれた。

「壁に当たると、誰かに頼らないといけない場面も出てきます。私たちは先生と言って

いますが、その方に命を預けようと思いました」

問題は、マンパワーだった。当時、川村夫妻の仕事量は、かなり限界に近かったようだ。

「僕らは60歳までに、人を雇用しようと決めていました。そのためにも農園の面積を広げる必要があり、余計にしんどかったんです」

とはいえ夫婦の努力が実り、2013年ごろから、品質・収量の両面で何とか先生からの要求を満たせるようになった。そして満を持して、地元の社会福祉協議会を通して社会福祉法人「緑の大地」のスタッフを紹介され雇用した。そのマンパワー効果は絶大だった。今まで追われていた作業を、逆に追えるようになった。

「初めて、ブドウの生育より、僕らの仕事のほうが早くなりました」

次の世代に農園を継承し、第三の人生の準備を始める

2014年から始めたことは、「継承」への準備だ。「緑の大地」のスタッフに、ブドウ園の運営を継いでもらうのだ。実は夫婦で、「15年間は、寝ても覚めてもブドウのことを考え、65歳で引退する」と決めていた。予定よりは遅れ気味だが、計画は着々と進んでいる。

まず、今までの栽培手法をすべて洗い出し、検証した。更に、2015年からは作業を

ビデオ撮影するようになった。それまでは写真で記録を撮っていたが、

「1週間後、1カ月後の移り変わりは、動画の方が絶対に分かりやすいですから」

もちろん気候などの諸条件は、変動する。それでも、動画で記録できれば、実際の作業風景を残すことができる。技術は常に改良の繰り返しだが、それを託すための武器にはなる。


事業は始めることより、引き継ぐことのほうが難しい。

「だからこそ初代が、次の世代が絶対にコケない体制を作らないといかんのです」と、文孝さんは言葉に力を込める。


安心院農園の初期投資は、通常のブドウ園の3倍程かかっているそうだ。

「普通は経費を抑えることを考えます。でも私たちは、第二の人生に『やりがい』を最優先した」と言い、それを通して川村さん夫婦は、自分たちが仕事に誇りを持てたことを、後継に伝えている。


現在は、4棟のハウス栽培と1面の露地栽培で、合計６００本ほどのブドウを植えている。種類は増えに増えて、60種ほどもある。ただし、ここには巨峰もマスカットもない。「藤稔」や「ハニービーナス」といった、あまり見かけない品種ばか

りだ。そこには「果物屋さんにないものを育てたい」というこだわりがある。1種類ごとに説明を加える試食ツアーは、最低でも30分以上かかるという。

ブドウへの愛着は尽きることはないが、河村さん夫妻は、第三の人生に向けて着々と準備を進めている。新しく挑戦しているのが、「原木シイタケ」の栽培。さらに計画しているのが地鶏と日本ミツバチの飼育である。安心院農園を「緑の大地」のスタッフに継承した後のことを考えた挑戦だと文孝さんは語る。

「今までは夫婦でやってきたので、ブドウ中心でよかったのですが、これからは多くのメンバーが作業に携わることになるため、少しでも多様な農業の基礎をつくっておきたいのです」

ブドウパフェやブドウアイスだけでなく、地鶏や有精卵、はちみつ、原木シイタケなど、農園で生産する素材を使った料理も提供したいと川村さん夫婦の夢がふくらんでいる。

第2章　小さな農で稼ぐ

高糖度を生む自分たち流の工夫

キウイフルーツの栽培　武井誠さん・洋子さん
群馬県高崎市

糖度「15」の豊かな甘味

抜群に美味いキウイフルーツを食べた。糖度「15」、その豊かな甘みに驚く。作っている武井誠さんと洋子さん夫妻は、2007年、高齢になった親に代わって農地を守るために就農したのだという。

少し離れた洋子さんの実家から農地を借り、黄色い「ゴールデンイエロー（ゴールド）」と、緑色した「ヘイワード」の2品種を栽培している。農協の講習会で学びながら、栽培作業に取り組んでいるが、2人のこだわりが、ほかにない品のある甘さを生み出している。

そのキウイ農園は、自宅から車で30

分走った甘楽郡甘楽町轟の山腹にある。山好きの誠さんにはたまらない景色ながら、夫妻は日々、往復1時間をかけ〝通勤〟し、農作業を行っている。キウイフルーツは他の農作物に比べれば作業が楽とはいえ、重い実を一輪車で運ぶなど、ほとんどが手作業なので、決して楽ではない。山間だからイノシシなどの野生動物の被害対策も必要である。それでも夫婦一緒に農作業で健康な汗を流し、収穫の喜びを噛みしめながら、自分たち流の農業を楽しんでいる。

就農を機に実家の畑を「転作」

農園は元々、洋子さんの実家が所有するコンニャク畑だった。両親が高齢になったため、長女・洋子さんの夫、誠さんが定年後に跡を継ぐことに。「畑が空いちゃうから」と言われ、親の面倒をみながらやるつもりだった。洋子さんが55歳、誠さんが57歳の頃から、休日などに夫婦で手伝いに訪れていた。少しずつ教われればいいと考えていたが、洋子さんの父親が転倒でけがをしてから事情が変わった。就農を早める必要が出てきたのだ。しかし、誠さんはまだ現役サラリーマンだった。

コンニャクは群馬県の名産だが、土壌消毒など栽培が難しく、いきなりやれる作物ではない。農地は維持したいが、何を栽培すればいいのか迷ったようだ。誠さんは高崎市の農家出身だが、親の代でやめたので農業の経験はほとんどない。いろいろ考えた末に2人が決めたのが、キウイフルーツだった。

この一帯では、20年くらい前からキウイを栽培する農家が増え始めていた。消費者の間でも人気が高まり、市場価値が高まってもいる。肥料や水の管理は必要なものの、作業が比較的楽なこともあって、新規就農でキウイをやる人も少なくない。地元のJA甘楽富岡も栽培を支援する講習会をやっていた。武井さん夫妻はそこへ2年くらい通い、受粉や剪定の仕方などを教わる。一緒に学んだ中にも新規就農をめざす人たちがいた。

グルナビで評判になる

先に就農したのは洋子さんだった。約33aの畑にキウイの木を植え、3年目には売り始めるが、当初はゴールデンイエローの販路がなく、苦戦したという。そんなとき、「東急と西友で売ったら?」とアドバイスしてくれる人が現れた。

JA甘楽富岡の「インショップ販売」で、朝の7時にJAに出荷すると、都内に展開する大手2社系列のスーパーに「直送野菜」として並ぶというしくみがあることを知る。洋子さんはJAの組合員になって出荷を始めた。

JAに出荷を始めて1年くらいたった2011年3月11日に東日本大震災、福島第一原

発事故が発生。間もなく「北関東の農作物は売りません」という事態になったという。途方に暮れたが、20Km先への早朝出荷が負担になってもいた。

「遠いし、冬は寒い。（出荷は）農協だけにしたのです」

洋子さんはインショップへの出荷はそこでやめたという。

誠さんは組合員だったこともあり、ＪＡたかさきに相談し、直売所「四季菜館」の４カ所への出荷が決まる。そのうちに、食べ物専門のインターネット紹介サイト「グルナビ」から取材を受けると、それがきっかけになり注文が増えていく。ＪＡには朝９時までに出さなければならない。誠さんはまだ勤めており、洋子さん１人で作業を担っていたが、あるとき風邪で熱を出してしまい、２０１４年からは四季菜館を１カ所に絞った。

嬉しいこともいっぱいある。知人にあげると、「美味しい」「売ってるの？」という声が届く。柔らかくてすぐ潰れるから市場には出荷できないが、木で完熟したキウイは味が違う。会社勤めする娘さんの同僚が注文してくることもあるとか。

「旗を立てて売るのもいいのかな」と洋子さん。「ご近所消費」は、新規就農者の有望な販路でもある。

手作業のこだわり

誠さんが定年退職してから5年が過ぎた。2人とも、60代半ばになる。体力的には機械化した方がいいのだが、農園の立地条件などもあって、武井さん夫妻はほぼ手作業でやってきた。その丁寧な仕事ぶりが、直売所「四季菜館」やグルナビで人気を呼ぶ上品な甘さを生む秘訣にちがいない。

まずは「受粉」。武井さんたちは、「ボンテン」といわれる小さな道具を使う。耳かきみたいな棒で、先端のフワフワに花粉をつけてメシべを撫でる。大量の花1つひとつにやるわけだから手間は半端ではない。大規模農家は、花粉を水でとき、ピストル式に放水するが、命中率が低いといわれる。面倒だが、ボンテンの作業にこだわる。誠さんは花粉症だけに辛い作業だが、受粉をちゃんとしないと糖度が上がらないのだという。

花粉そのものも「自家製」に取り組み始めた。従来使ってきた輸入モノに病気が出たためだ。農協の指導もあって、2015年には花粉づくりにも挑戦した。自分で作っておけば、輸入花粉に問題が起きても怖くない。キウイには、実のな

る雌木(めぎ)と花粉のできる雄木(おぎ)がある。雄木も植え、その木から花粉を採取して利用している。残ったものは、冷蔵庫に保存しておけば次の年への備えにもなる。

収穫もなかなか辛い。木が低いので、誠さんはかがんでの作業。腰や首が痛くなることある。園は緩やかな斜面になっていて、車まで運ぶには手押し式の一輪車で登らなければならない。キウイはかなり重い。それを2品種で計2000Kg以上もはこぶのだから腰に響く。トラクターを入れればいいが、誠さんは「土が固くなるから」と思い止まっている。

無理をせず、楽しみながらの共同作業

農園があるのは山腹。木々の緑に囲まれ、見上げればどこまでも青い空が広がる。誠さんは、「山登り、山歩きが好きなので、ここでの作業が苦にならない」

あまり知られていないが、キウイの花はなかなか美しい。地元テレビがニュース、情報番組などに何度も取り上げてくれた。

片道30分、往復1時間はかかる自宅と農園の行き来が農園を広げられない理由だが、これさえ「ドライブと考えれば辛くなくなる」

誠さんは、なかなかのプラス思考のようだ。洋子さんも、

「作業は午前中だけ。10時で終わり、帰りに実家へお弁当を届けるのです」

無理せず、楽しみながらの自然体がいい。もちろん、大変なこともあるのは既に紹介した。それとて、本当に忙しいのは、春の受粉、剪定と秋の収穫期くらいで、出荷は農協に頼んでいる。手数料はかかるが、その分だけ自分たちの時間がたっぷりある。生活の基盤は年金と貯え。キウイのおカネは小遣い銭くらいだが、「それがあるから、ダイヤのペンダントが買える。後は2人で旅行に行ったり……。日本全国47都道府県を回りたい。そのために頑張っているんです」と洋子さん。

農作業は身体を使うだけに健康維持にも役立つ。

「まあ、健康のためだよね。だって汗がかける」

と誠さん。洋子さんも、

「働いて、汗かいて、スッキリする。あまり疲れない」

サラリーマン時代と違い、時間は自由だし、夫婦一緒に働ける利点もある。

「畑にいると安心だし。まあ、ずっと一緒だと、イラっとくることもありますけど……」

洋子さんがいたずらっぽく笑う。キウイが夫婦円満を支えているようだ。

山間と都会を往還しながらの農作業と販売

無農薬・無化学肥料のコメ作り　平瀬康夫さん・厚子さん
神奈川県横浜市

自宅で農作物を直売

千葉県夷隅郡大多喜町会所で農業を営む平瀬康夫さん・厚子さん夫妻は、日曜の夕方、収穫物を積んだ車で横浜市の自宅に戻り、月曜、火曜に玄関先で近所の人に農作物を売っている。

毎週、農地のある南房総と横浜を行き来し、農作業に汗を流しながら独自の販路も開拓している。東京湾を横断する高速道路「アクアライン」は、当初割高だった通行料が片道８００円に大幅値引きされ、助かっている。

コメ、サツマイモ、ジャガイモ、ミニトマト、ナス、カボチャ、キュウリ、オクラ、新ショウガを栽培している平瀬さん夫妻。無農薬のコメがメインだが、直売所が主な販路だけに野菜も多品目を栽培。知り合いになった木更津市の農家からの販売委託品も好評だ。テレビ『人生の楽園』に出て新たな顧客が増え、インターネット活用も顧客増に役立っている。2014年に始めた配達も人気だという。

ゼネコンに勤めていた康夫さんの口癖は、「農作物栽培のシステムをつくる」「草をとるのは環境をつくるシステム」で、田んぼさえ、自分で図面を引いて作ってしまう。

楽しみながら困難を乗り越える

平瀬さんたちは50歳の頃にセカンドハウスとして三浦半島のマンションを購入した。そこで市民農園1区画（10数㎡）と民間の農園を借りて、厚子さん1人で週末だけの農作業を始め、横浜の自宅では、屋上で古代米を作っていた。

康夫さんも、田舎暮らしと農業に興味を持っていたが、母親の暮らす横浜からは離れられないと思っていたようだ。そのため、行き来できる範囲で関東一円を探し、結果的にたどり着いたのが大多喜町だった。

この地域は元々が開拓地だったせいか、移住者にも寛容で、水田、畑、約40a（4000㎡）の農地と農家住宅を入手できた。その上、地元の人たちが農作業の間違いを正してもくれるというから、新規就農者には有難い。

それでもいくつものハードルがあった。地目上は「農地」でも、農地法上の「下限取得面積」に満たないため（196ページ参照）仮登記しかできない。当時は、50a以上ないと「農家資格」が取れなかったため、近所から畑を20a借りた。すると町の担当者が「両方一緒にやりましょう」と言ってくれて、本登記ができた。大多喜へ来て1年、2010年だった。

苦労はまだ続いた。売らなければ利益にならない。当初は「道の駅」にも出そうとしたが、平日出品や売れ残りの引き取りが条件だった。当時は週末農業だったため、それができず方向転換。日曜大工が得意の友人に折り畳み式の陳列棚を作ってもらう。横浜の自宅前で直売所を開店すると、月曜の午前中にはほとんど売れてしまうほどの人気に。

「今週はこんな品物がありますよ」とメールでの案内も始めると、これも評判がよく、メール客は約35人に上る。2014年にはじめた配達も好評だ。毎週10軒くらい、康夫さんが配達料をもらって車で運ぶ。売り上げの4割くらいは配達が占める。それでも、農業で生計を立てるにはほど遠い。収入150万円に対して、減価償却（60万円）を含む費用は大きく上回る。

厚子さんは、「年金があるからやっていける。自給自足だから、食べるには困らないけど、農業だけで食べていくのは大変。好きじゃないとできない。それに、夫婦の気がそろってないと無理かな……」

田舎暮らしを満喫する2人だが、全てバラ色というわけではない。

無農薬・無化学肥料のコメにこだわる

最初から、メインの作物はコメと決めていた。厚子さんが横浜の自宅屋上で古代米を栽培した時から、康夫さんもイネの不思議さに魅せられていたからだ。そして、凝り性の性格から、「普通に作るんじゃ面白くない。どうせなら、ちゃんとしたモノを作ってみよう」と思い立った康夫さんは、無農薬・無化学肥料に挑戦することにした。品種は「ミルキークイン」で、天日干しにしている。

作ったご自慢のコメはとても評判がいい。マーケットは知り合いや身内に限っており、市場には出荷しない。

「JAに出すと、他の生産者のコメと混ざるでしょ。それじゃ、うちのコメじゃなくなっちゃうからね」

康夫さんは笑う。凝って作る意味がなくなるからだ。

「たまに来る農器具屋さんは、『無農薬で天日干しのコメは平瀬さんのところにしかない』と言います。どこへ出しても恥ずかしくない」厚子さんは胸を張る。

その品質を維持するにはやはり相応の苦労もある。一番辛いのは草取りで、無農薬ならではの作業。田んぼに這いつくばっての草取りは中年以降の身体に厳しい。夏場には背中がジリジリする。それでも、稲は茂ってしまえば雑草に負けない。雑草を放置する自然農法も学んだが、オーソドックスなやり方がいいようだ。

「余暇に山登りしていると思えばいい。それで、実りの秋に美味しいおコメが食べられる」

厚子さんは楽しそうに笑う。

野生動物との知恵比べ

「私の仕事は、害獣対策にかなりのウェートがある。敵は獣だけ。それが一番の苦労。それさえなければ天国かな」と康夫さん。

元々は深い木々の生い茂った山間地。野生動物たちにも、遠い

過去から子孫を産み育ててきた楽園なのだ。人間が暮らしはじめれば、彼らとの間でトラブルが生じるのは仕方がない。宮崎駿のアニメ『もののけ姫』さながら、人間と自然界の抱える宿命なのだろうか。

世間には、野生動物に対する誤解がある。「開発で山に食べ物がなくなったから」という説。実は、人間が野生動物の生息地域に近づくと、人のそばには豊富に食べ物があることに彼らが気づくのだ。しかも、山の餌よりやわらかくて食べやすい。苦労せず、おいしいものをたくさん食べられる。餌場にしたくなるのは当然だろう。動物も考えているのだ。

洗礼を受ける。この暮らしを始めて3年目にイノシシに作物を荒らされたのだ。柵が貧弱だったせいで、苦労が水泡に帰す。

「あいつらは、けっこう出入りが自由。(ネットを)鼻で持ち上げて入ってくる」

康夫さんと野生動物との闘いがはじまる。センサーを4つ付けた。イノシシは夜中に来る。農地にある小屋で寝て、警報が鳴ったら、お手製ロケットランチャーで花火を連射し、追い払った。知恵比べとなる。

「サルが一番の悩み。どこからでも入ってくる」と厚子さん。檻でカボチャを囲ったら害がなくなった。

「向こうもこっちを見ている。慣れると、なかなか楽しい。ま、テーマパークみたいなもんです」

康夫さんは、塩ビ管を加工したお手製ロケットランチャーも数種類作る。近所のお婆さんにもあげた。苦労を楽しみにすることも、田舎暮らしや新規就農を成功させる秘訣なのかもしれない。

農家生活のシステム化を楽しむ

素人離れというか、玄人はだしと言うべきなのか。後発だった康夫さんは、新規就農者らしからぬ手馴れた作業ぶりが光る。田んぼの開墾も、ビニールハウスも、水の配管も、害獣用センサーも、ロケット花火銃も、道具小屋も、農地用などに使う予備電源の太陽光パネルも設計をし、施工も自分が行った。

最近は、太陽光発電を利用した井戸水汲み上げシステムを自作。「今、私は電器屋さん」技術屋らしい創意工夫が、新規就農に存分に活かされている。

ゼネコンに勤めていた康夫さん。企画部門が長く、プロジェクト参加経験は少ないが、建設業のノウハウは感覚として備わる。

「昔、やりたくてできなかったことをやれている」

インターネットを駆使し、ホームセンターでも資材を安く買う。塩ビ管などをモジュール化するのが〝匠〟の康夫さんらしい。定尺にすると、何にでも使えるからだ。

還暦過ぎながら、電脳ツールも驚くほど有効に用いる。資材入手には中国の巨大通販サイト「アリババ」を、宣伝はブログ、フェイスブックをフル活用。「無農薬」と検索すると上位に上がってくる。そのために、康夫さんはタブレット3つ、パソコン、スマートフォンを手放せない。

「わからないことは何でも検索する。女房は口コミかな……」と康夫さん。

「以前、鹿を1頭もらった時も、ネットでさばき方を調べて……」

厚子さんが笑う。

作物は分担制で、コメを康夫さん、野菜を厚子さんが主に担当する。むろん、苦労も少なくない。2015年は自慢のコメが不作だった。無農薬ゆえ草は仕方ないが、この年は異常に発生したという。気候も作柄を左右。害獣も気を抜けない。ビニールハウスで液肥の水耕栽培もはじめた。連作障害や害獣の被害もないから、安定収入源になると考えているのだ。より心豊かなセカンドライフを目指し、果敢な挑戦が続く。

航空機整備技師からの転身
夢に見た田園生活

ミカン栽培　高橋稔さん・真里子さん
千葉県鴨川市

房総半島のミカン畑

房総半島の南端、里山の中腹に、小規模ながら鈴なりのミカン畑が広がる。ここでミカンを栽培しているのが、5年前に市内北小町の古民家に移住した高橋稔さんと真里子さん夫妻だ。山には160本と40本、計200本の植わった2カ所のミカン園がある。

早生ミカン、晩生ミカン、イヨカン、ハッサク、甘夏の5種類を栽培。

食べ頃は、早生が10月下旬から11月いっぱい、晩生は12月中旬から1月いっぱい、イヨカン、ハッサクは年明けから1月いっぱい、甘夏は4月から5月が最盛期だという。

高橋さん夫妻がミカン栽培を始めて

今年（平成27年）で2年目。初めて収穫した頃は自宅近くの農道脇に設けた無人スタンドで販売していたが、今では地元のひとたちに「高橋さんの美味しいミカン」として好評を得つつある。

2015年は、初年度の倍以上となる5トンを収穫。近くの「道の駅」でも評判を呼び、晩秋には初の「はとバス」ツアーのコースに組み込まれたという。

木に話しかけながらの作業

「木が喜んでいるようです。ミカンの木々も生き物で、手を加えれば加えただけ応えてくれるのです」

真里子さんが実感を込めて言う。

2014年5月、オーナーから頼まれてミカン栽培をはじめ、荒れ果てていたミカン園の環境整備にはだいぶ苦労させられた。初めて見たとき、「これ、ミカン園じゃねえな」と稔さんは思った。

伸び放題の枝がゴンゴンと頭にぶつかる。「まるでジャングルのようだったわ」と真里子さんも当時を回想する。

それでも、引き受けたからにはモノにしなければならないと、丁寧に枝を切り払った。

陽が入らなければ作物はよく育たないから、草を刈り、竹べラで木の幹に寄生するコケを除去するなど、夫婦そろって、「気持ちいい？」と木に声をかけながら作業を続けたのだという。専門家に聞いて、防除や剪定を行い、畑に陽が差し込むと、ミカンの木は見違えるように生育が良くなり、果実の数も増え、1つひとつにしっかりとした濃い味を宿すようになった。

幸運もあった。通常、若い木に植え替えるのだが、「10～15年続けられたらいい」と古木をそのまま使用。手間を惜しまず、慈しむような手入れをした甲斐もあって、初年度から美味しい実がなり、2年目は思いもよらぬ大豊作に恵まれる。もちろん、果樹には、表（豊作）と裏（不作）があり、「いかに不作、豊作をならしてつくるか？課題も多い」と稔さんは話す。

ミカン園の草刈りは年に3回も4回も行う必要がり、斜面だけに辛く感じることも。イノシシ、サル、シカ、ハクビシンなどの野生動物も多く、電気柵や囲いの設置などには気を

抜けない。2015年はコメがやられた。イノシシが入った田んぼや畑の作物は臭くて食べられない。取材中も、ミカン園の通路や土手を、イノシシが掘り返した跡に出くわす。大好物のミミズを探したらしく、「今や、害獣との闘いですね」と稔さんは苦笑いする。

稔さんは、元日本航空インターナショナルのエンジン担当整備技師で、数年前の経営危機に早期退職した。鴨川市に越してくる前は、千葉市に住んでいたが、都会だと年金だけで暮らすのは容易でない。早期退職したあとは年金をもらうまで退職金頼りで、

「この5年間で貯蓄を全部、食いつぶした」と笑う。

鴨川市には長男一家が住んでおり、市内でお店を経営していることもあって、移住を決めたという。真里子さんによると「ここなら孫の面倒を見ることもできるし……。鴨川を選んだ一番の理由はこれだったといえるでしょう」

約10分で行き来できるところを探し、市ふるさと回帰支援センターに相談。不動産屋も回るが、適当な農地つき住宅の借家は少なく、なんとか見つけたのが今住んでいる木造平屋の広い古民家である。

里山の上にあり、下には畑や田んぼもある。農作業に欠かせない水も、山の上から水路が通っていて水利権もあり、農業を営むにも不安はない。申し分ない立地条件だが、1つだけ大きな問題があった。築140年の立派な住宅ながら、空き家だったので荒れ放題だったのだ。それでも悩んだ挙げ句に「廃屋でもいい」と決断する。稔さんは元エンジニア。

技術屋の血が騒ぎ、「最初の1年は、家の補修という楽しみがあった」と笑う。

当初の夢は田舎暮らしで、自給自足的にやるつもりだったが、コメも2年目にすすめられて始めた。さらに、「ミカンやってみないか？」とすすめられる。それが、高橋さんたちの人生を変えたと言えるかもしれない。ミカンだけは立派に「農家」としてやっているのだから。千葉市の元自宅には今、次男が住んでいる。たまに行くが、今では長くいられない。この里山こそが、夢に見たスローライフの理想形。高橋さん夫妻にとって「人生の楽園」になっている。

北小町通貨

1年目は赤字だったが、高橋さん夫妻の一生懸命さがわかると周りが助けてくれた。当初、「変わり者」と言われたこともあったが、いろいろ食べ物などを持ってきてくれる人たちがいる。作物が直接、おカネにならなくても、千葉市に比べると食料品も何分の一で暮らせる。稔さんは資材、機材も、もらえるものはもらった。

「地元の人が助けてくれなかったら田舎生活は難しい。同情さ

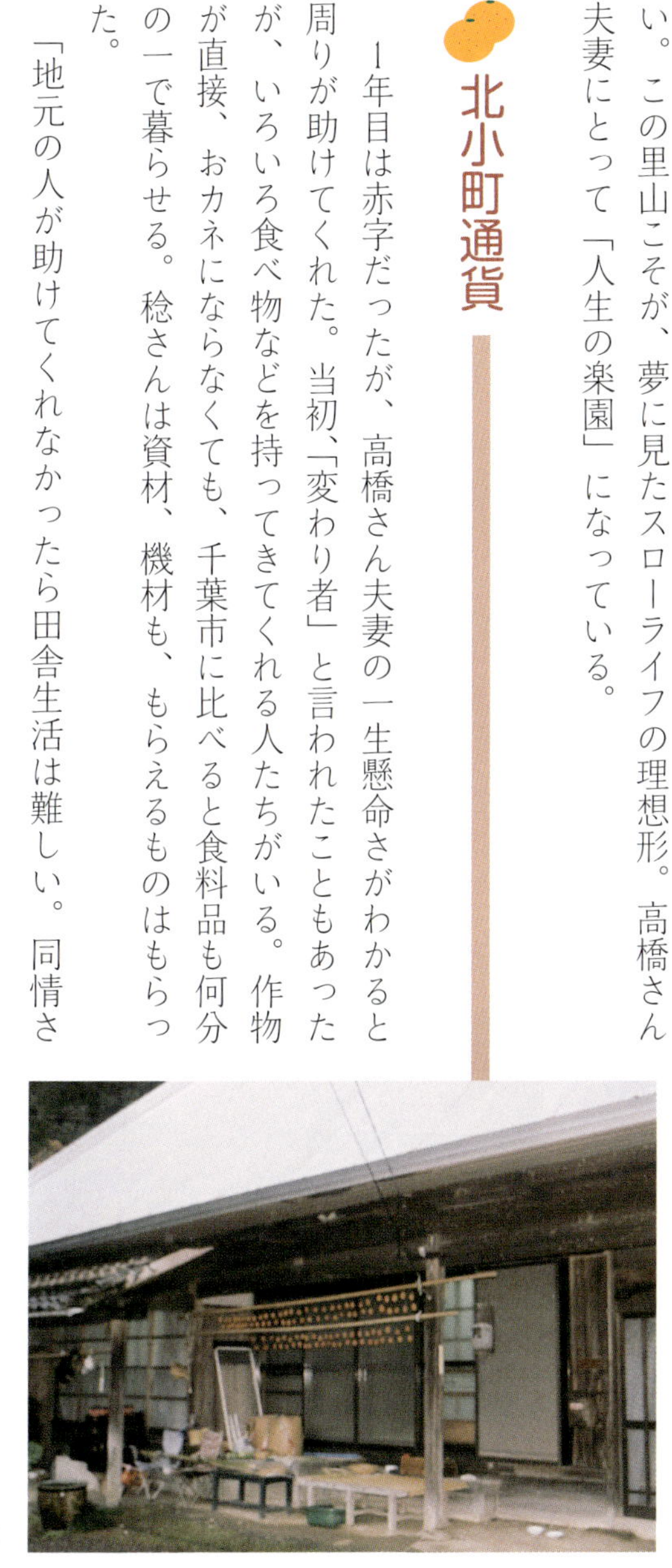

れるくらいがちょうどいいのかも」

「モノって、人って回るのよ。田舎の生活って、野菜もグルグル回るの」

真里子さんの顔がほころぶ。ミカンをあげると、レタスが返ってきたりするのだ。

「女房は、『北小町通貨』と呼んでいる」

稔さんの表情も緩む。傷があったり、小さかったりして出荷できないものは真里子さんが手で絞る。

「ジュースまで作るのよ。私。それを、お婆ちゃんたちにあげるの。これも『北小町通貨』ね」

地元の農家には、販路も助けられた。「道の駅」や産直の売店では手数料が3割だから小規模な新規就農者には辛い。すると、「ここでやれ」と無人スタンドを作るよう助言してくれた。オレンジ色で三角屋根の「みかんステーション」は真里子さんがデザインした。目立つのも手伝ってか、この地域は8軒しかないのによく売れるという。

稔さんたちは市内のミカンを作っていない地域への行商も考えている。また、真里子さんの作るマーマレードを長男のお店で扱ったり、千葉の元自宅に直売所を作って農作物を売ることなど少しずつ夢を広げている。

鴨川ミカンは美味しい。「ブランド化できないか？」。高橋さん夫妻は、密かな夢を抱きはじめているようだ。友達に送ると、「こんなミカン食べたことがない」と絶賛される。高級店が買ってくれるようにしたいが、それには乗り越えなければならない壁がある。品質、売り方、セールスポイントをどうするか？　地元のミカン農家をいかに巻き込むか？　課題は小さくない。

一度、夫婦で新潟へ視察旅行に行った。よそのコメと比較して値段が倍もする魚沼産コシヒカリの秘密を知りたかったのだという。南魚沼市西山地区のものは格別だが、魚沼地区であれば「魚沼産」を名乗っている。要は、農協の戦略と売り方、ブランディングの問題ではないかと稔さんは考えている。

周辺には、ミカン園が6、7軒あるが、みんな別々の売り方している。「道の駅」で売っているが、規格の統一もなく、品質もまちまち。これではブランドにならない。

「とにかく、売り方が大事。で、やっぱり、いいモノを作んなきゃ。まあ、『目指せ！　千疋屋』ですかね」

まだ、農業所得だけで食べてはいけず、年金や「北小町通貨」が生計を支えているが、稔さん、真里子さんの夢は着実に膨らんでいる。

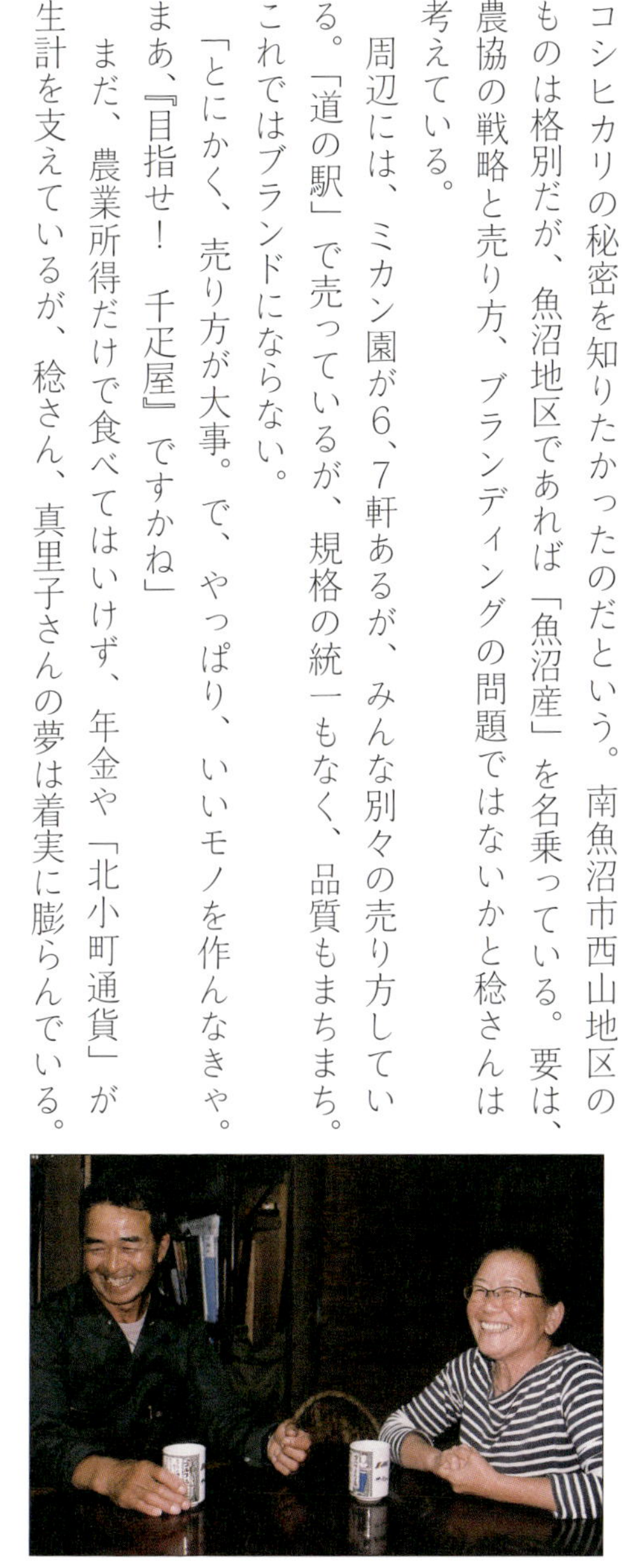

自然の中で家族と流す心地よい汗

野菜の栽培と直売　能戸春美さん・広さん
神奈川県足柄上郡松田町

富士山が見える里山の畑

神奈川県秦野市八沢の見晴し抜群な小高い里山。四方を山と海に囲まれ、眼下には市街地が広がり、西に目を移すと富士山を見渡せる場所にある畑を手に入れたのは、畑からほど近い隣町・松田町の湯の沢団地に住む能戸広さんと春美さん夫妻。2007年に一軒家を購入し引っ越してきた2人は、心豊かなセカンドライフを満喫している。

春美さんは家庭菜園で野菜を作っていたが、夫婦で県の「農業塾」で学び、新規就農を果たした。今では役割分担しながら、それぞれが好きな野菜を栽培し、畑仕事で心地良い汗を流す

採れた作物は、団地の自宅前に設置

した直売所で売る。近くにコンビニしかないこともあって、2人が作る新鮮な野菜類は人気で、団地の食卓を支える存在となっている。小田原市に住む春美さんの妹、海老名市に住む息子夫婦と孫たちもよく手伝いにくるという。

直売所を開くのは火曜と土曜の週2回。春はジャガイモ、ズッキーニ、カブ、春キャベツ、タマネギ、夏はキュウリ、ミニトマト、ナス、ピーマン、コマツナ、スウィートコーン、大型の落花生「オオマサリ」、米ナス、シシトウ、オクラ、カボチャなど、秋、冬は食用菊、ネギ、油菜、秋ジャガのアンデス赤、キャベツ、ハクサイ、ダイコン、ミズナ、ミニニンジンなどを収穫し、販売している。

引っ越して間もなく、団地の自治会長に自宅前に直売所を作ることを相談し、快諾を得た。「今度、直売所をやります」。近所に手製のチラシを配布すると、すぐにお客が来てくれたという。団地は松田町と秦野市にまたがり、約200世帯が暮らす。

近くの湯の沢自治会館で行われる自治会員対象の「ふれあい会」でも展示即売させてもらい顧客も増えている。値段はだいたい一つ100〜150円に設定しているが、特産の落花生「オオマサリ」は高く売れる。

また、ほかの直売所でも販売させてもらっている。JAはだのの「じ

ばさんず」、タカヨシの「わくわく広場」などにも朝のうちに出荷。直売所からは、1日に3回ずつ携帯メールで売り上げの連絡が来る。早く品物がなくなると「追加できませんか？」という要望が入り、大急ぎで作物を届けることも少なくない。

県や市の協力が大きかった

春美さんは山形県の果樹農家で生まれ育っている。物心ついた頃には実家も既に兼業農家になっていたといい、高校を出ると首都圏で就職する。北海道で生まれ育った広さんは、神奈川に出て公務員に。子育てが終わり、海老名市に住んでいた頃、春美さんが狭い家庭菜園をはじめる。葉物野菜、ジャガイモ、ダイコン、ふるさと山形県特産の食用菊も栽培。近所に配ると、「美味しい」と喜ばれたことが、農業にハマるきっかけだった。

能戸さん夫妻は、広さんの定年を控えてセカンドライフの住処（すみか）を探し始めたという。春美さんには、本格的に農業をしたいという希望があり、土間のある古民家風を夢見たが、望んだ物件が見つからずに湯の沢団地へたどり着く。息子一家が住む海老名市に近く、農地は平坦な林道を車で5分ほど走れば着く近場だった。風光明媚で、ただそこにいるだけでも癒される環境で、立地条件は最高。悩んだ末、ここに居を構えると決めた。

春美さんは、農業について2年間、秦野市の「はだの市民農業塾」で学んだ。引っ越す前、地元テレビで塾生募集を知り、すぐ申し込んだという。

「本来は市民が対象なので、受け付けてもらえるかどうか心配だったのです。湯の沢団地は、秦野市と松田町にまたがっており、道1本隔てるだけながら、私たちの家は松田町ですから」と語る春美さん。「私たちは秦野市民じゃないのですが、秦野市が受け入れてくれたのは幸運でした、私たちは、これがあったから農業ができたと思っています」

2人は今でも秦野市に感謝している。広さんもまた、60歳定年を機に就農を決意。広さんが「農業塾行っていいか?」と言えば、春美さんが「いいよ」

広さんは農業塾に3年間通い、新規就農コースでは年に40日以上の農家研修を受け、農業サポーターの資格も得る。卒業生の連絡協議会での研修や勉強会も欠かさなかったという。「農地法」、「農業経営基盤強化促進法」の改正に伴い、県農地の利用権設定が40aから10aになったのも幸いした。県が間に入って農地を借り、春美さんが30a、広さんが10aに違う作物を異なった農法で作っている。春美さんは自由な気風で低農薬を心がけ、公務員上がりの広さんは、塾で教わったように農薬を使う。互いに手伝い合うが、やり方も異なり、ライバルでもあるようだ。

「それでも出荷に関しては女房は凄く厳格。『これくらいの

は出してもいい？』と言うと『いや、それはダメ』と言う。主導権を持っているのはあっちです」と広さんは楽しそうに話す。

野生動物の被害もしばしば

「見て下さいよ。玄関も、廊下も、お勝手もこの通り。作業をする場所がないんです。普通の家でしょ。農家住宅じゃないから……」

一番の悩みは、作業所と保存場所のようだ。

広さんは、大型トラクターが欲しいと思っている。塾の仲間3人で耕運機を使うが、手押し式と自走式のトラクターでは作業効率が違う。育苗も今は簡易ハウスでやっているが、今後、連絡協議会で畑にビニールハウスを設置する計画もある。

「機械化できるところはして、労力も少しずつ減らしていかないと。年とともに体力もなくなってきますから」

仲間との共同化も含めた解決策も着実に進むが、苦労はほかにもある。里山だけにシカ、ハクビシン、イノシシ、ムクドリにカラスなどの野生動物の食害が尽きない。サツマイモは3分の2が食べられたことも。落花生はハクビシンにやられる。

「ムクドリなんか恐いくらい集団で来る」と春美さんが言う。

トウモロコシは、網を1つずつかけたら被害がなくなった。手作業で大変だが、カラス除けのべた掛けも手を抜かない。「獣害対策が一番大変かな」と、広さんの表情が引き締まる。

春美さんは、「低農薬栽培」にこだわってきた。その分、特有の悩みもある。農薬をほとんど使わないため、草むしりが欠かせない。手作業のため、腰を折っての労働は辛いが、手を抜けば農作物の生育具合に響くのだから仕方ない。

「ブロッコリーなんて、一瞬にして虫にやられるんですよ。気が抜けないものです」

現金収入よりも大切なモノを得る

休みの日などには、息子の家族が手伝いに来る。取材中も、自宅に留守番のお嫁さんを残し、山の畑では息子さん、2人のお孫さんを含む5人が畑で農作業に汗を流していた。草とり、収穫の合間には、3世代一緒のティータイムを楽しむ。お隣の農家からもらった採れたてのミカンや能戸さん夫妻が持参したお菓子など

に舌鼓を打つ。孫たちも、「家で遊ぶより畑の方が楽しい」と言いながら手伝っている。

2014年から、秦野市などの取り組む、都市住民が収穫体験するイベント「農園ハイク」にも参加。能戸さんの畑では、ズッキーニ、ダイコン、タマネギ、ホウレンソウ、ガーデンレタス、キヌサヤ、ミニニンジンなどが収穫できる。息子一家、友人、ボランティアの大学生の手伝いを得て賑やかに行われた。

とはいえ、農業だけで暮らすのは難しい。年間売上げは150万円程度。純利益は少ない。年金があるから生活できる。春美さんは、「パート(の賃金)くらいとれればと思ってはじめた」

むろん、食べ物には困らない。収穫物と農家仲間の交換もあるからだ。

「好きな野菜を種から作って苗を育て、それが実って収穫すれば売り上げにもなる。景色もいい。勤めていた頃は、月曜の朝から憂鬱だった」

広さんにとって農業は、おカネよりも心身の健康と人のつながりをもたらすもののようだ。

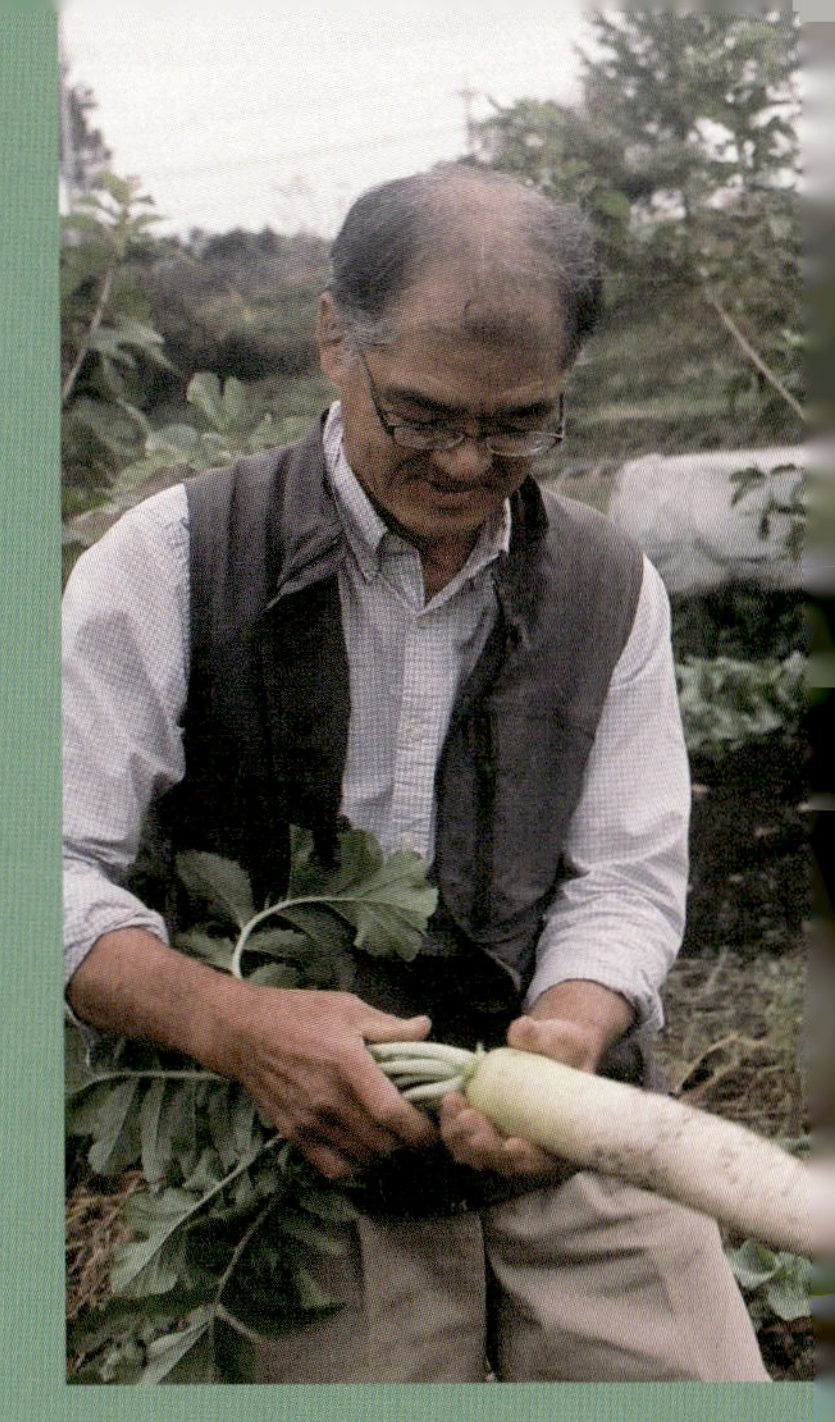

第3章　こだわりの農で拓く第二の人生

副知事を任期途中で辞め、複数の小果樹を栽培

麻田農園　麻田信二さん
北海道夕張郡長沼町

北海道を支えるのは"食と観光"

北海道夕張郡長沼町はコメや畑作物、野菜の生産が盛んな農村地帯で、美しい田園風景が広がっている。札幌市から車で約1時間、新千歳空港からは約30分と交通アクセスが良く、そうした立地を生かしてグリーンツーリズムに力を入れており、都市住民との交流が盛んで移住してくる人も多い。麻田信二さん（68）も妻陽子さん（66）とともに札幌市から同町へ移住して麻田農園を開き、ブルーベリーを中心とする小果樹を生産・販売している。

信二さんは北海道網走市の酪農と畑作を営む農家に生まれ、小学生の頃か

ら牛の世話や乳搾り、麦の収穫などの農作業を手伝いながら育った。地元の高校を卒業後、北海道大学農学部に進み、卒業後は東京で製薬会社の研究職に就いた。しかし、「東京での生活は自分の生き方とは合わない」と感じ、退職して北海道に戻り、北海道庁に就職。

農業にかかわる部署で働き、40代の初めに21世紀に向けた北海道農業・農村の長期計画を信二さんが中心になってまとめることになった。人口が減少して高齢化も進む中、将来、北海道はどうあるべきかを考えたとき、外から企業を誘致するのではなく、北海道の持つ資源を生かした産業振興が必要であり、〝食と観光〟を重視していくべきとの結論に至った。「北海道は農業や水産業が盛んなので、その生産物に付加価値を付けて国内外に出荷していけば、雇用が生まれて地域が安定する。また、北海道は太平洋、日本海、オホーツク海という3つの違う海に囲まれ、四季がはっきりしている。その豊かな自然と、そこから生まれる食を生かせば、国際的な観光基地になることができる」

食と観光を振興するために、信二さんはいろいろな事業を国に要望し、道独自の事業も進めていった。その中で、

「子どもから高齢者まで、できるだけ多くの人が農業にかかわるべきではないか」と感じ、今後の自分の生き方と考え合わせ、「将来、農業をしたい」という思いを強めていく。

「クリーン農業」を提唱

一方、信二さんが大学を卒業する頃から環境汚染が深刻化し、レイチェル・カーソンの『沈黙の春』や有吉佐和子の『複合汚染』が話題となった。信二さんは東京で光化学スモッグなどの環境悪化を目の当たりにし、また、製薬会社での研究を通じ、健康な人間をつくる基本は食べ物であることも実感していた。そうした経験を経て、北海道で農業政策に携わり、農薬や化学肥料を多用する農業の現状を見たとき、「本当にこんな農業でいいのだろうか」という疑問を強く抱いたという。

当時、信二さんと同じ疑問を持つ人たちが既に有機農業の運動を始めており、1971年に日本有機農業研究会が設立されている。農薬散布で体調を崩した人、ひどいアトピー性皮膚炎の子どもを抱えている人などが有機農業に取り組んでいた。そうした人たちとの出会いの中で、信二さんは「本当に安全・安心で体にいい食べ物は、農薬や化学肥料を使わずに育てられ、添加物を加えずに加工されたものなのではないか」との思いを強くした。そして「食べ物から豊かな健康社会をつくるべきだ」と思い、北海道に有機農業を広げていこうと動き出した。

国の政策が有機農業にあまり目が向かない中で、道立農業試験場の相馬暁さんに栽培についての意見を求め、91年に農薬と化学肥料を減らして農産物を生産する「クリーン農業」

を全国に先駆けて提唱した。初めは農業関係機関も団体も賛同しなかったが、数年して消費者が応援してくれるようになり、一気に広まっていった。この取り組みを進める中で、信二さんは、

「農業は本当に体に良くておいしいものを自分で作り、食べることができる最高の職業だと実感し、自分も農業をしたいという思いがさらに強くなったのです」

長沼町で小果樹の生産・販売をスタート

そこで、前出の相馬さんに相談すると、長沼町の果樹農家・仲野勇二さんを紹介してくれた。仲野さんは信二さんの思いを知って歓迎してくれ、購入可能な農地を何カ所も案内してくれた。その中から現在の農園を購入することに決めたという。しかし、当時信二さんは47歳の働き盛りで重要な役職についており、すぐに仕事を辞めることはできなかった。そのためまずは陽子さんが農業者になり、1995年に2.4haの農園を取得。信二さんは、

「定年後に農業をやりたいという話はよく聞くが、奥さんの賛同が得られず、できない場合が多い。私の妻は一緒にやりたいと言ってくれたので、実現することができた」

陽子さんは旭川市の野菜農家の出身で「農業をすることに抵抗はなかった」と微笑む。

96年4月、札幌から通って農作業を始め、その年の12月に現在の住居が完成し、翌年か

らは週末や祝日は農園で過ごすようになった。栽培する作物は高齢になってもできるという理由で小果樹を選び、無農薬・無化学肥料での栽培に取り組んでいる。

まず、ブルーベリー、ラズベリー、ハスカップなどの苗木を購入し、まだ小さいので狭い面積に仮植えした。小果樹のほかにもさくらんぼ、プルーン、リンゴ、ナシなどの果樹を数本ずつ植え、木と木の間には緑肥としてラデノクローバーを播いた。ほかに空いた土地で大豆、そば、小豆などを栽培し、自家用野菜も栽培している。

これらの作物には牛糞堆肥や大豆粕、魚粕などの有機肥料を施した。また、小果樹を定植する本地や、そのほかの作物を栽培していない場所は草を生えるままにし、それを刈り取ってすき込んだという。これを3~5年繰り返すと、微生物が増えて土が柔らかく良い状態になったので、小果樹を定植していった。化学肥料を使わないので小果樹の生育は緩慢だったが、時間がかかっただけで十分に生育し、特に支障になる病虫害は発生しなかった。一方、自家用野菜は初めは虫の害があったが、土が良くなるにつれて少なくなった。こうした栽培技術は農山漁村文化協会の本や愛媛県の福岡正信さん

の本などを読み、独学で習得した。

収穫した小果樹は町内の直売所で販売し、ブルーベリーについては直接農園に来てもらい、摘み取りを体験してもらうようにした。就農して5年ほどしてから加工所も建て、陽子さんがジャムを作って直売所で販売するようになった。また、町が修学旅行生の農業体験を受け入れていて、麻田農園も簡易宿泊の免許を取得して登録農家となり、専業農家が忙しいときや全体の人数が多い時などに受け入れを行うことになっている。

信二さんは道庁の農政部長、副知事と責任あるポストを歴任して多忙を極め、何とか時間を見つけて農園づくりを進めていたものの、早く農業に専念したいという思いを募らせていた。副知事になって2年の間に、農政部長のときに手掛けた『食の安全・安心条例』と『遺伝子組換え作物の栽培等による交雑等の防止に関する条例』を全国に先駆けて成立させ、信二さんは「自分が道庁でやるべきことはやった」という思いに至った。そこで、任期半ばではあったが思い切って副知事の職を辞し、２００６年4月から農園に完全に居を移してようやく農業に専念できるようになる。

10年間準備してきた甲斐あって農園の基礎はできていたので、それを自分がめざす形に仕上げていく作業にすぐに取りかかることができた。それまで植えてあったベリー類を全体計画に基づいて植え換えし、空いている場所にブルーベリーの大きめの苗木を大量に購入して定植した。花畑も整備し、ほぼ現在の農園の姿が出来上がった。

ところが、信二さんは2007年7月から学校法人酪農学園の理事長を引き受けることに。週2日程度の出勤であれば農業に力を注げると思い引き受けたが、結局、少子化の中で私立学校はいろいろな課題を抱えており、ほぼ毎日出勤する形になって今に至っている。

癒やしの場となる美しい農園をめざして

現在、麻田農園の耕作面積は1.9haで、ブルーベリーが1haに約2000本植えられており、そのほかにラズベリー、ブラックベリー、カシス、ジュンベリー、栗、プルーンなどを栽培している。2013年に有機JASの認証も受けた。平日は陽子さんが果樹や野菜の管理を行い、信二さんは出勤する前に陽子さんが収穫した小果樹などを直売所に運ぶ役割を担っている。休日は信二さんも草刈りや剪定、収穫などの作業に余念がない。

「農業に携わっているからか、体調がよく、楽しく生活しており、特に苦労はない」

信二さんが農業を始めて良かったと思うのは、陽子さんが無農薬・無化学肥料で育てた野菜を食べられることで、「そのおいしさは格別。味が全然違う」と満足していることだ。

また、仕事でストレスを感じることがあっても、農作業によってリフレッシュできることもよかったと思っている。

「私と同じくらいの規模で農業をするなら、40代くらいから準備して、定年退職と同時にスタートするのが理想だろう。しかし、小さい面積で自分の楽しみとして作物を育てるのならば、定年退職してから準備をしても十分にできる。できるだけ多くの人が農業に取り組むことで地域が元気になると思うので、私が実践することで〝ああいうこともできるんだ。自分もやってみよう〟と思う人が増えてくれればうれしい」

今後は「できるだけ早く農業に集中し、農家として地域を盛り上げていきたい」と考える信二さん。

「農園をきれいに整備して多くの人たちに足を運んでもらい、来た人が〝癒やされる〟と言ってくれたり、写真を撮りたくなるような美しい場所にしたい」

信二さんは静かに意欲を燃やす。また、現在は手間がなく、実がなっているのに十分に収穫できていない果樹もあるので、

「まもなく農業に専念できるようになるので、すべてきちんと収穫し、それを使った新たな加工品にも挑戦したい」と意気込む。

今年で20年目を迎えた麻田農園。信二さんは陽子さんとともに、食を大切にする農的暮らしをこれからも続けていく。

若い日に夢見た専業農家

多品種の野菜栽培　伊藤雄一さん
群馬県甘楽郡甘楽町

40年ぶりの帰農

世界に冠たる群馬の生糸を生み出した養蚕農家に生まれ育った伊藤雄一さんは、若い日に野菜農家を夢見たが、大きな時代の変わり目の中で、農家を継ぐ人生設計が変わった。

自宅に農地があったため、野菜づくりは小規模で続けてきたが、農家に戻ることを考えたのは定年が迫ってきてからのことだった。

若い頃に果たせなかった夢の実現をめざした伊藤さんは、退職するとさっそく行動を起こしている。まずは群馬県立農林大学校の「ぐんま農業実践学校」に入学。農家へ研修にも行って実務を学ぶ。両親から受け継いだ農地も、野菜を作る畑として耕地面積を広げた。作物も、土地に合ったものにはどんどん挑戦したという。

群馬名産、下仁田(しもにた)ネギの面倒な「二度植え」も厭わず、着々と努力を重ねた伊藤さん。元々、農業を志しただけに、〝こだわり〟も強く、安易な省力化はしない。「道の駅」などへの出荷も始めた。無論、農業だけで暮らすのは難しいが、伊藤さんは今、農への再チャレンジを楽しんでいる。

化学繊維と自動車が地域を変えた

かつて、このあたりは日本を代表する養蚕地で、維新後、日本の近代化を支える原動力であった。NHKの大河ドラマ『花燃ゆ』のドラマに登場し、世界遺産にもなった富岡製糸場がその歴史を今に伝えている。

化学繊維の普及に伴って廃れたものの、1970年代半ば頃までは近所のほとんどが養蚕農家だったという。

伊藤さんも、養蚕農家の跡取り息子として育ち、1973年に地元の農業高校を卒業。両親と共に、養蚕やコメを作っていたが、ここで世の中が大きく変化する。生糸が化学繊維に市場を奪われる現実を目の当たりにしたのだ。一方、農閑期に手伝う親戚の工場が忙

伊藤雄一さん

しくなる。自動車部品の製造だった。高度経済成長が続き、モータリゼーションの流れは止まらず、いつの間にか、その工場で社員として働くことになった。

１９８０年代には、両親が細々と続けていた養蚕をやめ、その後は桑畑の手入れに苦慮したという。桑の木は伸びるのが早い。最低でも1年に1度は枝を払わないと、どんどん高くなる。養蚕をやめたのだから桑の木はもう要らないとぜんぶ抜いたが、今度は草刈りが大変だった。放っておくと、隣家の農地に悪影響もある。

「草畑にしておくわけにはいかない」と伊藤さんは、小さなトラクターを買って草退治をはじめたという。

そうなると、農家生まれで農業高校出身の伊藤さんは、

「ただ、土をかきまわしているだけじゃつまらない。どうせ耕すなら野菜を育てよう」と、小規模ながら菜園を始めた。会社勤務のかたわら、それは25年も続くことになる。

２０１３年秋、定年を3カ月前倒しで会社を退職し、かつて夢見た野菜作りへの挑戦を始める。小規模ながら野菜を栽培し続けてきてもいるし、時間もある。畑として使える自分所有の未利用農地も余っている。〝原点回帰〟するための条件がそろったともいえる。

野菜づくりはやってきたが、自動車部品工場の技能工として40年働いてきた伊藤さんは、農家に戻ることはあまり考えていなかったという。意識が変わったのは定年を意識した頃だった。

「会社勤めを終えたらどんな生活になるのだろうか……」

そんな思いがよぎるたびに、美味しい野菜を作り、消費者の食卓に届けたいという懐かしい思いが胸に湧き起こるのを感じた。やがて定年を迎えたら、もう一度農業のことを勉強しようと決めた伊藤さん。

退職するとほどなく、ぐんま農業実践学校に入る。講義は1年間、みっちり75回に及んだ。学んだことをすぐに実践に活かし、同時に、耕作面積も拡大した。農地取得に苦慮する新規就農者と違い、元々が農家だったから土地の苦労はなく、栽培した落花生、サツマイモ、ジャガイモなどを近くの「道の駅」で売るようになり、夢の実現へ向けて小さな一歩を踏み出していく。

農地には困らなかったが、「水」には苦労したという。桑畑は雨の水でほぼ事足りたので実家が農業用水の水利権をもっていなかったのだ。野菜は苗を植える時期などにどうしても水が必要である。そんな時には、水利権を持つ離れた用水路で水を汲み、タンクに詰めて軽トラックで何度か運ばなければならない。

「雨乞いまではしませんでしたが」と笑う。

販路にも苦労したという。市場は、ぜんぶ買い取ってくれるが高い出荷経費が多くかかる。「道の駅」など直売所は、売れなかった分は最終的に持ち帰えらなければならない。

ビニールハウスなど、施設で作っているわけでないので、1年中、同じだけの量を出荷できるわけでもない。露地野菜には、売れ筋だからといって量産できない難点もある。旬を考えると、10日か20日くらいしか1品目を出せないからである。

1人でやっているため物理的な限界もある。出荷は家族も手伝ってくれるが、虫が苦手なので農作業までは手伝ってもらえない。もっとも、年金と貯えがあって生活はできるが、どうせやるなら少しは稼ぎたい気持ちもある。

伊藤さんは「帰農者」。自前の農地はあるが、本格的にやるにはもう少し土地が必要で、取り敢えずは今ある畑でやっていくしかないが、そんな現状が少し歯がゆく感じているようだ。

「むろん、好きではじめた野菜づくりです。毎日が充実はしているし、会社勤めとは違って、人間関係からくるストレスも全くない。まあ、好きじゃないとダメですね、農業は。歳とってはじめる人は、一気に大々的にやらないほうがいい。ある程度の経験も必要だ

から」
新規就農者への助言も的を射る。

「二度植え」にこだわる

メインの作物はネギとブロッコリー。特にこだわるのは、群馬県のブランド品種である「下仁田ネギ」だ。伝統の栽培法は4月に仮植えして、7月から8月に植え替えて本定植する。省力化して、一度ですます農家が増えたが、本場・下仁田地方では今なお「二度植え」が本流だという。伊藤さんも同じ方法をとっている。二度植えしたネギは太さが同じでも重い。密度が濃いから食感も違う。面倒でも、いいモノを作りたいという農家の意地がのぞく。

収穫は、師走に入ってからはじめる。「上州の空っ風」は寒いが、そんなことは言っていられない。12月になり、霜に当たらないと味が良くならないのだという。

「ハクサイもそう。（冬の農作物は）何でも、霜に当たって甘味が出てくる。ホウレンソウも、『寒じめ』と言うでしょ。寒くならないと甘くならない。甘味がぜんぜん違うんです。厳しい条件になると、上に伸びずに自分を守るんですよ」

伊藤さんの表情が引き締まる。

伊藤雄一さん

現在、耕している農地は約50a。3月はジャガイモ、ブロッコリー、5月にサツマイモ、サトイモ、ヤツガシラ、落花生、7月頃にはキャベツ、油菜、カリフラワー、8月になるとハクサイやブロッコリーなどを植える。

旬のものは格別に美味しい。ハウス栽培も悪くないが、露地栽培にこだわるのにはそんな理由もある。若い頃、理想とした農業がそこにあるようにも思えた。

露地野菜は自然が相手だから、経験がモノをいう。専業農家も毎年が勝負。気候などによっては、同じことやっても上手くいくとは限らない。高品質、豊作の年もあれば、どんなに手をかけてもダメな年もある。

「お天道様しだいですから」

伊藤さんは笑う。楽はさせてもらえないが、かつて夢みた世界が今そこにある。苦労もまた楽しみの1つと感じているのかもしれない。

『ゴジラ』の撮影監督が選んだ セカンドステージ

野菜の有機栽培と口コミで広がる評価　江口憲一さん・俊子さん

千葉県山武市

30種類の野菜を有機栽培

華やかなキネマの世界を捨て、第二の人生に農業を選んだ人がいる。江口憲一さんと俊子さん夫婦だ。

憲一さんは特撮ファンには、『ゴジラ』の撮影監督として知られている。邦画の名門「東宝」で、「平成ゴジラシリーズ1989〜2003」の映像制作を一手に仕切っていた。それがデジタル技術の導入後、若手監督と技術や映像の処理法で感覚が合わなくなり、世代交代の必要を強く感じたという。

映画制作は、殺人的スケジュールに振り回されるため、体力的な限界も感じていた。

「残りの人生は他人に使われない仕

事がしたい」と、憲一さんは一念発起。退社してゼロから新しい人生をスタートさせた。

映画づくりにこだわりを持ち続けてきた憲一さんは、農業の方法にもこだわりを持っている。それは、無農薬・無化学肥料を徹底していることにも現れている。さらに江口さん夫妻は、可能な限り、おカネの介在しない取引を心がけている。

農村地帯のお年寄りなどが、自分たちの食べる分だけを分け合っているのとは違う。北海道から沖縄まで、幅広い地域の人たちと取引きをし、繋がりや絆が深まっている。

「物々交換」が人の輪をつくる

収穫した野菜は主に宅配している。「自家取引」を柱にする新規就農者は少なくないが、それでも、江口さんのやり方は、ほとんどが「物々交換」なのだから、かなり独特な方法といっていいだろう。送った野菜の御礼は、相手方の特産品や自家製のお菓子だったりする。返送する品を考えるのが面倒な人だけが現金を振り込む。格安だから、お客さんの方が「値上げしてくれ」と言ってくることもあるとか。請求額より多く振り込む人もいるようだ。

そもそも、目的は作物を作って販売することだけではない。農家をやっていることで人間関係を広げられる。映画の撮影所時代とは違い、仕事だけのつながりではない。物々交換が主とあって、申告所得は50万円くらいだが、その何倍ものの価値あるものが得られると憲一さんは言う。

「金銭だけやり取りするのではない人たちといっぱい繋がっていきたい」

第二の人生を豊かにするのはおカネだけではないことをさりげなく教えてくれる。

宅配には、美術大学出身の俊子さんが描いた絵葉書をつける。忘れると、「次は2回分送って」と注文が来ることもあるという。ここに越して間もなく、住民から神社の提灯の絵を頼まれた。憲一さんも写真撮影を頼まれる。忙しくても断らない。

「得意な技能や専門知識があると土地に溶け込みやすい。地元の方からお世話になる。信頼されるにはこちらも還元しなければ。今まで何をして生きてきたかが試される」

2人の経験は新規就農者の参考になるにちがいない。ささやかな社会貢献も意識してきた。千葉県八街市のグレース教会はホームレスへの食事提供を行っているが、そこへ野菜などを提供している。すると、手作りのお菓子だとか、ハム、ソーセージ、チーズ、ケーキなどが届くことも少なくない。やはり、江口さんの生き方は、人と人の繋がりを深めていくようだ。

経済効率を求めない新たな価値観

憲一さんは元々、日本テレビの報道カメラマンだった。スチール写真担当のため、ドキュメント制作の夢が叶わない。若い時分に退社して映画の世界へ飛び込んだ。助手時代は主に文芸作品を担当。巨匠・市川崑監督の話題作『犬神家の一族』など金田一耕助シリーズに携わる。カメラワークが社内でも評判になり、特撮部門へ。そこで川北紘二監督に目をかけられ、以来、15年間主にゴジラシリーズを手掛ける。

転機は50代半ばだった。テレビ世代の若い監督とデジタル撮影の考え方で衝突。『ゴジラ』最終作とされた映画撮影を降ろされる。

「もう潮時かな」と考えると同時に体力的にもハードスケジュールは辛くなっていた。退社して人生をリセットする。

「もう人に使われたくなかった。俺も歳だから、残り少ない時間を自由に使いたい。自分に正直に生きるにはどうしても必要なこと。それが百姓だった。そこで農業を勉強しようと思って……」。56歳の時だった。

東京都世田谷区の自宅を引き払い、千葉県四街道市にある俊子さんの実家で居候生活。茨城県水戸市の日本農業実践学園に1年通う。卒業後は、千葉県の農業会議に紹介され、

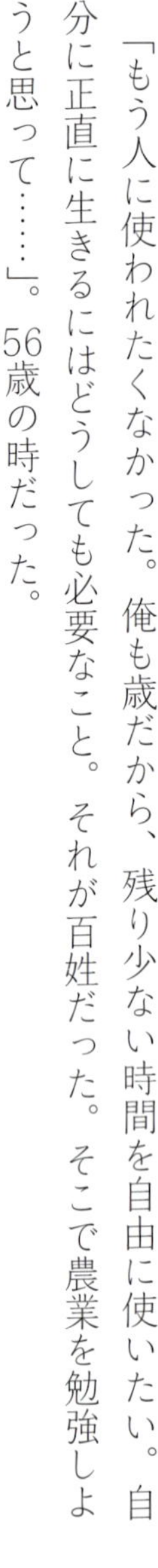

山武市の有機農業専門農家で2年、週2回の研修で農作業と農家の生活を学んだ。その農家に頼んで農地を借り、近くの市内横田に家を借りて就農生活がはじまる。

「農家は農地を貸したがらない。新しくやるなら、地域に溶け込む準備期間が必要」と振り返る。

借りた畑は約25a（2500㎡）。農作業は、ほぼ憲一さん1人だからこれくらいが限界だとか。春はノラボウ（かき菜）、ニンジン、ニンニク、タマネギ、えんどう豆、夏はソラマメ、大型の三豊ナス、秋から冬にかけては落花生、聖護院かぶ、ハクサイ、ダイコン、ホウレンソウなど30種類くらいの野菜を収穫している。

江口さんは、有機農業それも「無農薬・無化学肥料栽培」を徹底してきた。無農薬だから草取りは大変だし、害虫の被害もある。江口さんの野菜を求める人たちも、そうした志向性が強いのだが、なかなか全ての人々と感性が合うのは難しい。

どうしてもウマが合わない人もいる。江口さんは、野菜の新鮮さも意識して、洗わずに泥つきで送っている。作業は夫婦2人だけ。面倒を省きたい思いもあるのだが、ある時、取引先の料理屋から「ちゃんと洗って下さい」と注文がついた。どうも肌合いが違う。人の繋がりを大事にしているが、ストレスを抱えながらつき合うのは厳しい。それ以降は野菜を送らなくなった。そんな相手が何軒かあるという。

健康志向は徹底している。自分で作っていないコメは、よく調べて無農薬栽培のものを見つけた。食品添加物も気になる。今は、ほとんどの食べ物に入っているとはいえ、1カ月も変色しない外国産ブロッコリーを見ると怖くなる。

「最近、友達が2人もがんで死んだ。今は日本人の2人に1人はがんで死んでいる時代。安全なものを食べてもらいたい」

宅配は、憲一さんのそんな思いがわかる人に限定しているのだという。

おいしさが口コミの連鎖を呼び込む

特に宣伝はせず、自分たちから宅配をお願いしたこともない。偶然の出会いと口コミで販路と人のつながりが拡大している。俊子さんが、女子美大の同級生に、野菜を作っている話をしたら、「私はケーキづくりが得意だから、江口さんの野菜と交換してくれない?」

今にして思えば、これが物々交換の始まりだった。そこから人づてたえに「美味しい」と評判が広がり、「うちにも送って下さい」と、注文が舞い込むようになる。

いちばん大きく宣伝に貢献してくれたのは、全国を飛び回る特異な料理人で、お茶と懐石料理の先生でもある半澤鶴子さんだった。たまたま、料理イベントで出会い、江口さんの三豊ナスを気に入ってくれたのがきっかけだったという。日本各地に招かれて料理するたびに江口さんの野菜を紹介してくれ、それがもとで評判になり、今や、北海道から沖縄まで宅配するほどに。

「先生がうちの野菜を広めてくれたようなものですね」と、俊子さんの顔がほころぶ。半澤鶴子さんが紹介してくれた店の1つが、五月女芳克さんが経営する東京の和食店だった。五月女さんは皇室の歌会始の料理人に呼ばれるほどの人である。その達人が、江口さんご自慢の三豊ナスなどを気に入ってくれた。畑が台風に襲われると「大変でしょう」と言いながら、夫婦で後片づけを手伝いに来てくれた。そんな人との繋がりができるのも野菜づくりのおかげだといえる。

「そのお店に習いに来ていた横浜のエスニック料理店の人が、私のところにも送ってほしいというほどで、本当に半澤さんのおかげで広がっていったのです」と、憲一さんは感謝の言葉を紡ぐ。

それだけではない。同窓会で「こんなのやってる」と言ったら「送って」。同級生に送るとその知り合いからも「うちにも送って下さい」と注文。さらにその知り合いからも「三豊ナス送ってほしい」と、人の輪が広がる。「インターネットで宣伝しているわけじゃない。うちからお願いして『とって下さい』と言ったこともないんですけど」。そして江口さんは続ける。「経営効率を農業に求めるのではなく、今までとは違った新しい価値観を求めて農業に従事するのであれば、きっと畑仕事のなかにもそれは見つけることが出来ると思います」

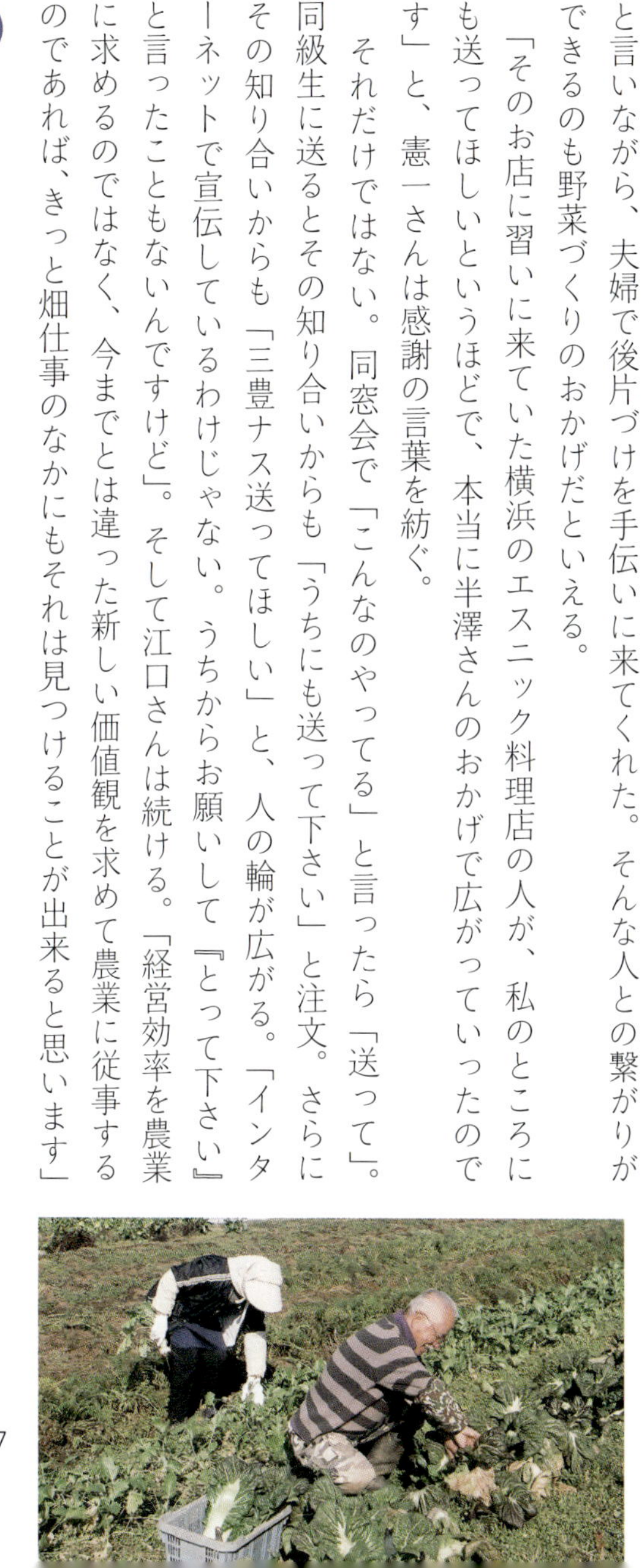

有機ＪＡＳ認証の野菜作り

西田農園　西田俊一さん・幸恵さん
石川県小松市

付加価値の高い農業を志す

「私はもともと、ものづくりが好きなんです。それに、どうせやるなら仕事にして収入につなげたいと思っていました」

　石川県の西部、ＪＲ小松駅から自動車で約30分ほど走った小松市岩上町にある「西田農園」。代表の西田俊一さんと妻の幸恵さんが、二人三脚で切り盛りしている農園だ。

　ルッコラ、ホウレンソウ、春菊、わさび菜……。サラダなどに活躍する葉物野菜を中心に、果菜や根菜なども合わせて約１１０種類の野菜を生産している。

　完全無農薬で、化学肥料を一切使用

しない有機農法で育てられた野菜は、地元はもちろん、東京など都市部のレストランでも多く使用されるなど、品質面で高い評価を得ている。

自然豊かな中山間地にある、先祖から受け継いできた土地に住み続けている西田さん夫婦。意外なことに俊一さんは、繊維関係の機械エンジニアという、農業とは縁遠い人生を送っていた。

転機は55歳の頃に訪れた。定年後の生き方を真剣に考えるようなったのだ。そこで目を付けたのが、幸恵さんが趣味で栽培していた家庭菜園だった。幸恵さんも結構な凝り性で、「最初は普通に農薬や化学肥料を使っていたんですが、次第に飽きたらなくなって。家庭菜園の範疇で、有機栽培を試していたのです」

農業の先輩である幸恵さんの趣味に「乗っかった」といえる俊一さん。幸恵さんも、「定年後の夫婦の暮らしに、面白みのあるライフワークがあればいいと思っていました」と、受け入れた。今は、趣味ではなくりっぱな事業になっている。

俊一さんがまず手掛けたのは、ゴールを見据えた事業計画の作成だ。そのときまず重視した点が、「普通の農業を始めても、既存の農家に太刀打ちできない」ということだ。新規参入するなら、何か付加価値を付けるしかない。そして行き着いたのが、農林水産省が認定する「有機ＪＡＳ」野菜の規格だった。

同規格は言うまでもなく、ＪＡＳ法に基づいた有機農産物の検査規格である。認定されないと「オーガニック」や「有機」と商品に表記することはできない。ハードルは高いが、認定を受ければ「有機JASマーク」を付けることができ、胸を張って、「安全ですよ」と言える。

定年を迎えたらすぐに農業を始められるよう、事前に情報収集をスタート。同時進行で家庭菜園を本格的な農場に整備し、有機JASの認定を取得した。今も毎年、認定検査には申請書類だけで数百枚を必要とする。毎年大変な作業だが、「品質保証のうえで、これ以上分かりやすいものはありませんから」と俊一さん。

すべての体制を整えて、2008年、計画通りに俊一さんは63歳の年に就農し、春菊やホウレンソウ、ルッコラなど約20種類の野菜栽培を始めた。ちなみにルッコラは当時まだ珍しい野菜で、品種の付加価値を狙った幸恵さんの発案だった。その経営戦略は、その後のからし菜や紫からし菜などの栽培にもつながっている。

有機農法のメリットを最大限に活かす野菜づくり

有機栽培の定義は、有機物（動植物体を構成している物質）を発酵させて肥料に用いる

栽培法ということになっている。しかし発酵の方法も、政府の定めた以外のものを使うと、認定されない。西田さんの農場では、米ぬかや油かす、魚かす、そして草のたい肥をＥＭ菌（有機微生物群）で発酵させた「有機ボカシ」を肥料に使用している。豚糞や牛糞も使えるが、

「遺伝子組換え作物が原料の配合飼料を食べていた可能性が高い。だから念のため、当園では使用していません」

西田農園のこだわりが伝わってくる。さらに、恵まれた自然環境に敬意を込めて俊一さんは語る。

「有機栽培の場所は山手が最適なんです。平野部はコメ作りで農薬散布されている。山手ならその心配は少なく、この辺りは雑草ばかりです。また山手なら、自然界のミネラル成分を蓄えた谷水が豊富で、ここでも上流にある西俣川からの水の恵みをたっぷりと受けている。しかもこの周辺の土は黒土で、水はけの良さが野菜作りにも合っています。先祖代々の土地に感謝しなければいけませんね。だから有機栽培といっても、気候風土が違うので、同じ味には多分ならないと思います」

とはいえ当初、幸恵さんはともかく、俊一さんは書物や資料から有機農法の知識を得ていただけだったという。肥料の配分や成分などを変えたり、見よう見まねで作っては、食べてみて実感する。そんな試行錯誤を繰り返す中で経験を積んでいった。気象条件は毎年

変わるので、

「いつも同じやり方では通用しないことも学びました」

一番の悩みは、やはり害虫対策だ。有機農法の許す範囲の中で、あらゆる方法を試した。それでも、

「最終的には、手で摘んで取るしかありません。だから毎朝まずとりかかる作業は、丹念な虫取りなのです。大変な作業ですが、私たちは二人とも凝り性なんですよ」

俊一さんによれば、有機ボカシを4、5年使っていると、土の中に酵母菌や乳酸菌など、さまざまな微生物が蓄積され、土そのものに強い生命力が宿るようになるのだという。

「害虫が寄り付きにくくなり、慣行栽培では全滅の可能性がある立枯病なども、その株だけで食い止められます。有機農法は手間はかかりますが、連作障害なども起こさず、土にもともと備わっている病気への抵抗力を高めるなどメリットは多いんです」

そうして栽培された野菜は、俊一さんが言うところの「野菜本来の強い生命力」を感じさせるおいしさ。その秘密は、有機ボカシが土中で作り出した旨み成分のアミノ酸を、根から直接吸収しているからだという。野菜はアミノ酸を内部合成する必要がなく、その分、炭水化物を余裕もって蓄えることができる。

エグみや苦みといった生野菜の青臭さがなく、「30年間春菊が嫌いだった人が、ウチの野菜なら食べられると言ってくれました」と、喜ぶ。

海外展開も視野に入れ、人材育成も

しかしその反面、販路の拡大は思うように進まなかった。俊一さん自身がレストランなどに売り込みをかけたが「どこも門前払いでした」。確かに、よくわからない生産者を、いきなり信用する人も少ないだろう。おまけに、足元を見られて買い叩かれることもあった。最初の3年間は顧客が安定せず、売れずに廃棄せざるを得ない野菜も少なくなかったという。

「さすがに3年間の辛抱は、計画になかった」と、俊一さんは頭をかく。

風向きが変わったのは、幸恵さんの知り合いなどに個人販売していた野菜がきっかけになり、口コミで徐々に評判が広がったことだ。3年目にわずか20軒だった顧客が、翌年から倍々で増えていき、今では100軒ほどになった。そのうち約半数は、県外のイタリアンやフレンチのレストランだという。

現在は自分の土地と借地を合わせ、5つのハウス栽培と露地栽培で運営。面積は100aにまで増えた。

顧客には「うちの野菜作りを知ってほしいから、なるべく農園に来て、その場で食べていただきたいんです。どんな野

菜作りをしているのか、ストーリーが語れますから」と、俊一さん。

休日はなく、朝の5時に起床する毎日。事務処理も含めると、仕事の終わりが夜10時を超えることもある。それでも続けられるのは、

「野菜は手をかければかけるだけ、味に対する評価が上がるから」

それが野菜作りの醍醐味なのかもしれない。

次の目標は、規模の更なる拡大と後継者の育成だ。息子が仕事を手伝い始めたほか、有機農法を学びたいという人には、研修生として門戸を開くなど、次代の人材育成にも務めている。

ＴＰＰに関しては「逆にビジネスチャンス。差別化できれば、絶対に勝負できます」と、攻めの姿勢を貫く。実際、海外との取引も話が出ているという。

「夫婦だからこそ、いちいち言葉にしなくても、あうんの呼吸で動いてくれる。妻の協力なしでは出来ませんでしたね」

と、俊一さんが話すと、幸恵さんは、

「夫1人でもできないし、私1人でも無理。喧嘩ばかりしていますけどね」

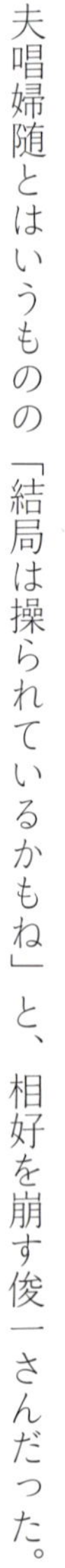

夫唱婦随とはいうものの「結局は操られているかもね」と、相好を崩す俊一さんだった。

第4章　農でつむぐコミュニティ

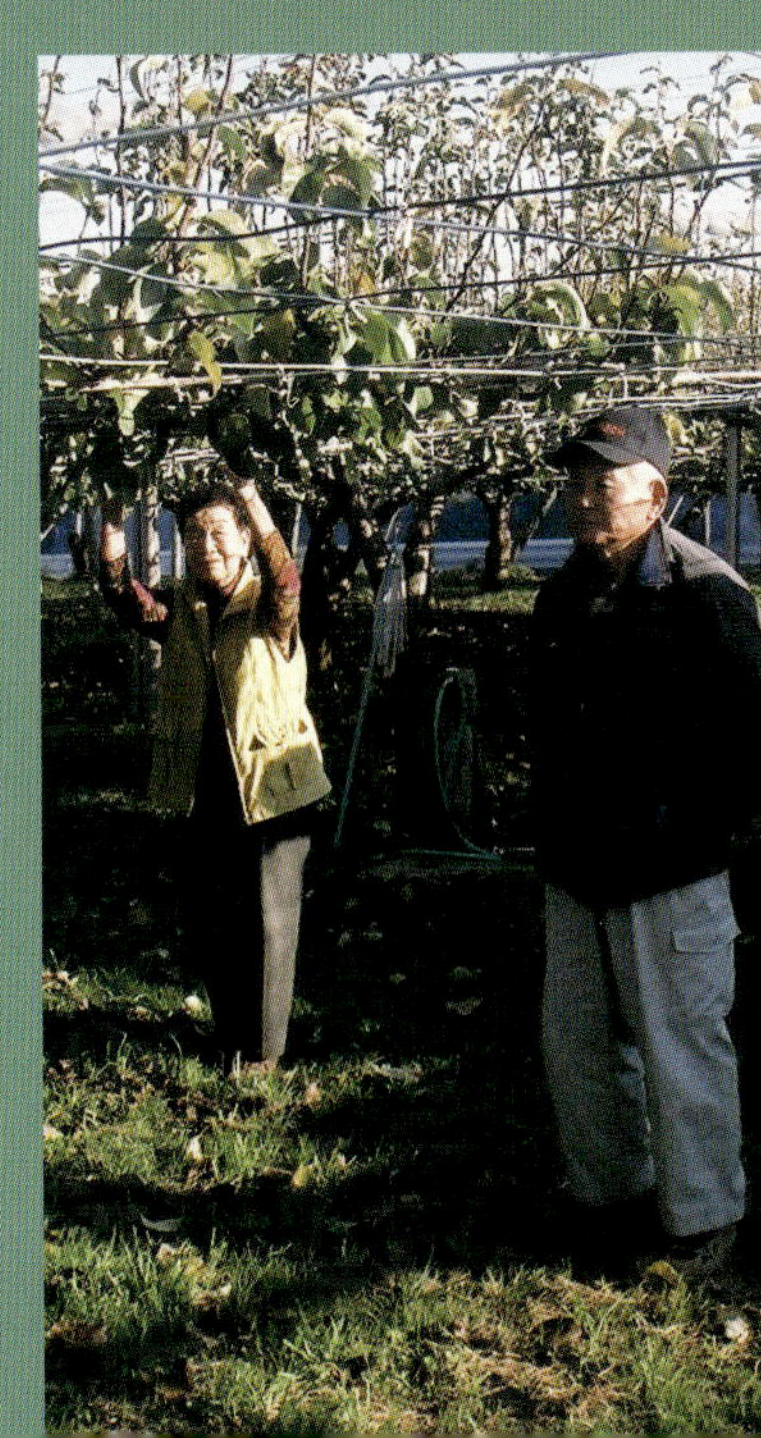

多くの人に支えられて始めた元体育教師の就農チャレンジ

ピーマン栽培　新沼良治さん
岩手県大船渡市

東日本大震災の後

「秘密基地のようで、気に入っています」

畑の一角に作られた作業小屋で、新沼良治さんが少年のように笑った。さっきまで晴れていた空が急に曇り、屋根に落ちる雨音が心地よいリズムを刻んでいる。大船渡市盛(さかり)に生まれた新沼さんは、現在市内立根町に住んでおり、その自宅から5分ほど離れた住宅街のなかでピーマンを生産している。きれいに手入れされた畑には、緑色のツヤツヤしたピーマンがあちらこちらに実り、就農以来、3年にわたって楽しみながら工夫を重ねてきた新沼さんの姿が映し出されていた。

岩手県の県立高校の体育教師をしていた新沼さんは、通常の授業に加え、生徒指導や野球部の監督も引き受け、忙しくも充実した生活を送っていた。定年退職を数年後に控えたある時、偶然にも同じ中学校の野球部だった同級生と、何十年ぶりかの再会を果たす。

「退職したら、地元で畑でも借りて農業しないか」

思いがけない誘いに驚いたものの、ふと「昼飯におにぎりでも持って、のんびり農業やるのもいいかな」という考えが頭をよぎる。

一緒に農業をする約束をしたものの、2011年3月11日、退職を間近に控えた新沼さんを東日本大震災が襲う。当時、岩手県北の洋野(ひろの)町に住んでいたものの、家族とともに無事だった。同じ洋野町にある高校は、天井がはがれたり、黒板が落ちたりしたが、生徒、職員は無事だったという。大船渡市の山沿いにある生家も難を逃れたが、市内は甚大な被害を受けた。その爪痕が色濃く残る8カ月後、新沼さんは同級生と農業を始める準備をスタートさせた。

畑で出会った農業の師匠

もともと平地が少ない大船渡市。荒地をトラクターで開墾して畑を作り、翌年の春には、岩手県のオリジナル品種で、瓢箪のような形と強い甘味が特徴の「南部一郎」というかぼちゃを作り始めた。同時に、大船渡地方農業振興協議会が主催する新規就農者のための「気仙地方新規就農チャレンジセミナー」に参加。1年を通して、農業の基礎的な知識や技術、農作物の生産から販売までの流れなどを講義や現地実習などを通して学んでいった。

知れば知るほど、農業に強く魅せられていった新沼さん。その一方で、同級生と始めた畑は、当初、思い描いていた姿からはかけ離れていった。

「同級生と酪農家の後輩と3人で畑をするつもりだったのですが、いつの間にか人数が増え、自分の考えで進めることが難しい状況になってきました。毎日、畑で作業をする形態ではないことから、『私は時間があるから、毎日作業をしたい』という思いが強くなり、1年余りで離れました」

結局、仲間と離れ、独自の道を歩み始めた新沼さんだが、その畑で大きな出会いを得る。ある日、近くの畑で農作業をしていた高齢の男性が、ニンジンを持って話しかけてきた。「ここで食ってみろ」と勧める男性に少し戸惑いながら、かじってみると、これが実に甘くて美味い。帰りに渡されたどっしりと重い白菜も味がよく、男性の農業の腕にすっかり感銘

を受けた新沼さんは、畑で会うたび、熱心にアドバイスを受け、ついには、その男性の指導を受けながら、自宅裏に自分の畑を作り始めた。農業の師匠として、その後、多くの場面で心強い味方となる迎山二三吉（むかえやまふみよし）さん、当時77歳との出会いだった。

大船渡市の農業委員会には、借主が管理する代わりに、地主から無償で農地を借りることができる仕組みがある。2012年の秋、自宅裏の畑で物足りなくなった新沼さんは、「軽い気持ち」で農業委員会を訪ねたところ、約23aほどの農地を紹介された。トントン拍子に話が進み、「引くに引けなくなって」実際に農地を借りることになったものの、その時点でさえ、「売りに出す農業をやるとは思っていなかった」という新沼さん。ふとした偶然で始めた農業が本人の意とは裏腹に一人歩きしているようにも見える。だが、相対していると、農業を人一倍熱心に学び、謙虚さと感謝を忘れない新沼さんに、周囲は朴訥な人柄にのぞく熱意を感じ、進んで力を貸したのではないかと思えてくる。

春から受講していたセミナーでも、農業改良普及センターの職員から、自分で育てたい作物を選んだら、技術的な指導も含めて支援すると言われていた。様々な圃場（ほじょう）見学を通して、ついに生業としてピーマンを作る決心を固めた新沼さん。すべてが初めての経験だったが、農業改良普及センターや農協の職員が実際に畑に来て技術指導をしてくれたり、何か問題が生じると、電話やメールでも必要な情報を教えてくれたりして、親身に相談に乗ってくれた。

「本当にいろいろな人に助けてもらいました。この辺りは鹿害が多いので、畑の周りにぐるりと鹿よけの柵を作らなければならなかったのですが、すべて頼むと数十万円かかる。困ったなと思っていた時、たまたまこちらに高校時代の同級生が遊びに来ることになり、手伝ってもらいました」

なかでも、最も力強く感じたのは、迎山さんの存在だった。例えば、新沼さんの畑では、近くの農業用水路からホースで水を汲み上げ、一旦、畑の脇に設置したタンクに貯めた後、自動で水やりを行えるよう工夫している。仕組みは、農業改良普及センターが中心になって設計したが、迎山さんは、設計作業全般において新沼さんを指導し、自らも手伝って作り上げてくれた。さらに、自身の耕運機や管理機も譲ってくれたほか、最初に畑で必要な主要な資材は、ほかの農家に声をかけ、不要になったものを融通して

くれた。お陰で、大きな初期投資は、中古の軽トラックを35万円で購入するだけで済んだ。
「師匠である迎山さんが、自分の姿勢を見て、農業をちゃんとやってくれそうだと認めてくれたことが嬉しかったです。小まめに畑に足を運んで、ピーマン作りのノウハウも教えてくれました。真夏の猛暑の時には、熱心さゆえに休憩を促す私を無視して作業を続けるので、師匠の年齢を考え、怒鳴って作業を止めてもらったほどです。コミュニケーションを重ねて、そこまでの関係になれたことが嬉しく、本当にいい人に出会えたと思っています」

高校の野球部コーチと農業の忙しい日々

2013年春には、ピーマンの苗の初植え付けまで漕ぎ着けたものの、実際に600株の苗を前にすると途方に暮れた。苗は放っておくと根がやられて、1年間をふいにしてしまう。「やがては終わる」と自分に言い聞かせながら、何とか植え付けを終えた。すると、今度は1週間、手で水やりをしなければならない。その後も脇芽取りや追肥などやることが尽きず、次にどんな作業が待っているのか、先の見えない苦しさがあったという。

「その時の経験から、農協の担当者には、『自然相手の農業であっても、新規就農者には、大まかな1年間の計画を示してあげたほうがいい』と提案しました。とはいっても、1つひとつの作業はすべてが初めての経験でわくわくしました。そのうち、生徒を育てる教師とピーマンを育てる農業がすごく似ていると感じるようになりました。心を砕いて手をかければ、成長という形できちんと返してくれます」

高校野球の監督経験者でもある新沼さんには、農家のほかに野球部のコーチというもうひとつの顔がある。震災で校舎が被災し、自宅近くのグラウンドに練習に来ている県立高田高校の野球部の監督に請われ、ボランティアで新入部員や控えの選手たちを教えている。練習は、平日が午後5時前から午後7時半まで、週末の場合、朝から夕方まで続く。収穫作業が忙しい時期と夏休みが重なると、午前5時前に起き、午前9時頃まで収穫と出荷の作業を終えると野球部の練習に向かい、午後4時半の練習終了後、畑に行く。2時間ほど作業をした後、自宅に戻り、夕食後、ピーマンのヘタ取りなど出荷準備を行うため、夜11時を過ぎて就寝することも珍しくない。

「忙しいですが、子どもたちに野球を教える楽しみをもらい、感謝の気持ちでいっぱいです。家族や友人を亡くした部員や仮設住宅に住む部員も大勢います。私は震災の2年前、2度目の心筋梗塞を起こして自分の体に自信が持てず、震災直後、泥上げのボランティアさえすることができませんでした。その分、今、野球の楽しさを教えることで、彼らの気持ちを支援したいと思っています」

就農3年目を終え、新沼さんは農閑期に師匠と試みてきた土作りの効果がようやく現れてくるだろうと期待している。ピーマンの収穫作業が終わる10月末頃から山に入って集めたカヤを裁断機で3センチほどに切り、米ぬかや籾殻と一緒に土に混ぜ込むと、3年ほどで自然に分解され、堆肥になるという。雑草を防ぐ効果もあり、畑には畝と畝の間に綺麗にカヤが敷き詰められていた。

就農して間もない頃、出荷場で作業をしながら「疲れた、疲れた」と声に出すと、農協職員から「農業は楽しくやらないとできないよ」とアドバイスされたという新沼さん。以来、一貫して「農業は楽しい」という思いで取り組んできた。農業改良普及センターの職員から「毎年、レベルアップしていますね」と言われるように、楽しみながら工夫を重ね、年々収量を上げている。

「私は年金をベースに、生きがいとして農業をやろうと考えてきました。これから就農を考える人は、何のために農業を始めるのか、事前にライフプランをしっかり検討することが重要だと思います。私の場合、経費を差し引くと、1年目は赤字、2年目は5万円の黒字、3年目は他産地の不作の影響などもあり、50万円ほどの黒字を見込んでいます。農業だけで生計を立てる場合、農地の確保や販売の方法など多くの検討が必要になってきます。農

業と野球部のコーチを両立し、忙しい毎日ですが、自分がこの年でこれほど動けるということ、そして少しでも世の中の役に立っていることに喜びを感じています」

２０１５年の11月、収穫が終わった畑には、新沼さんが教える野球部員たちが訪れ、資材の片付けや堆肥まきを手伝ってくれたという。一輪車で堆肥を運ぶ部員に「臭くて大変だろう」と声をかけると、「大丈夫。もう慣れました。手で触れますよ」と言って、堆肥を手で持って見せてくれた。作業の後、豚汁を振舞いながら、「来てもらってよかった」と深く感じたという。その時を振り返りながら、清々しい笑顔を見せる新沼さんの顔には、人を育て、野菜を育て、それらが響き合って繋がる好循環が、人生の豊かな彩りとなって現れているように思えた。

地産地消の農村レストラン繁盛記

農事組合法人「そばの里まぎの」
栃木県芳賀郡茂木町

レストランプロジェクト

牧野と書いて「まぎの」と読む。那珂川の清流に近い栃木県芳賀郡茂木町の農業地域。そこに建つ1軒の農村レストラン「そばの里まぎの」が静かな人気を呼んでいる。経営するのは同名の農事組合法人。昼時はいつも大勢のお客さんで賑わっている。店内には、県内ばかりか、埼玉、千葉、東京など、首都圏からのリピーターのお客さんが多い。

葉タバコの衰退で荒れ果てた農地、地域の再生を目指し、1998年に「牧野地区むらづくり協議会」が発足。その中心者が故石川孝一さんだった。孝一さんは、宇都宮市に住んでいたが、定年後は茂木町へ移住し、地域の活性化に取り組んでいたのだった。

「そばの里まぎの」が成功した背景には、その協議会が中心になって取り組んだ転作と「そばのオーナー制度」がある。さらに、町内で成功している「ゆずの里かおりの村」が模範になったようだ。

あるとき、「牧野地区むらづくり協議会」のメンバーに町役場の職員が「付加価値をつけてみませんか?」という声をかけたところからレストランのプロジェクトが始まった。メンバーはレストラン運営の経験のない人たちで、店長を誰にお願いしようかというとき、宇都宮市で長く会社務めをしていた石川修子さんに白羽の矢が立った。修子さんは、夫と共に、「牧野地区むらづくり協議会」に参加していたこともあり、自らも出資者の一人になり、店長を引き受けることにしたのだという。

年間3万人が訪れる人気店

「いらっしゃいませ～」。店内にスタッフの元気な声が響く。美味しい地粉のそばを求め、年間3万人もの人たちがここを訪れる。7割は町外からの客で、ほとんどの人がリピーターだという。営

業時間は、平日が3時間、土日、祝祭日でも4時間だけに、その人気ぶりがうかがえる。年商4100万円のうち、レストラン部門の売り上げが3700万円~3800万円を占める。

メニューは全て、法人の生産部門が栽培する無農薬・無化学肥料のそばがベースとなっている。お客が増えると、商品開発にも力が入った。地場産の鮎、ゴボウを使った天ぷらの季節限定メニューも人気を呼ぶ。デザートをつけた「レディースセット」も評判がいい。食材はほぼ全て地元産だ。「地産地消にこだわりたい。地域が協力して作ってきたお店だから」と、石川修子店長は穏やかに語る。

とはいえ、最初からプロだったわけではない。飲食業の経験者もおらず、2年間、そばの名人のもとで修行したという。

2003年4月6日に開店したものの、客から「1カ月ももたないだろう」と言われたこともあった。それでも助言してくれる取引先や客がおり、改良を重ね、他にない独特の味にたどり着く。さらに町や県のPRもあって、遠距離から通う常連客も増えていった。

お店のスタッフは、出資者と従業員を含めて7~8人。土日、休日は12人ほどで回す。始めるに当たって、「実家に帰ったような気分になれる雰囲気」づくりを徹底したという

が、それがリピーターが多い一因になっているにちがいない。加えて、「栽培からの一貫生産と地産地消、無農薬・無化学肥料の安心安全な顔の見えるそば屋」を目指したことも、支持されている理由といっていいだろう。構想段階でさんざん言われた「こんなとこに誰が来る」という台詞を口にする人は誰もいなくなった。

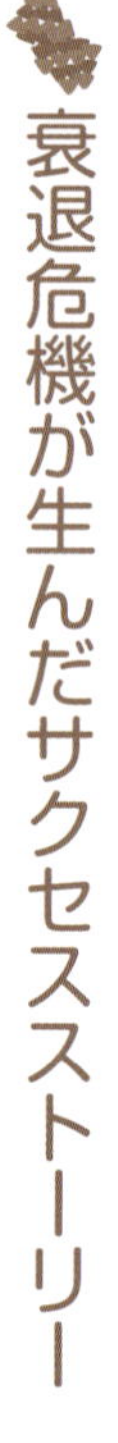

衰退危機が生んだサクセスストーリー

青々とした畑が広がる大地は、そばで一面を覆われていた。茨城県境に近く那珂川がくねるこの地域は、かつて葉タバコの一大産地として栄えたが、1990年代半ばには、耕作放棄地が増え、セイタカアワダチソウが群生する荒れ地になったところも多い。「人の住めない集落になりかねない」と、住民が立ち上がり、有志で「牧野地区むらづくり協議会」を発足させた。町の協力を受けながら、地域挙げての取り組みが始まったのが1998年のことだ。

町内に先進例があった。1980年代に、山内地区の元古沢集落が「ゆず」に転作する。1993年には、「ゆずの里かおりの村」が開業し、1本1万円の「ゆずのオーナー制度」に1000人以上が殺到したという。契約者の協力を得て、未婚女性と地元の未婚男性の交流会も行い、何組ものカップルが成立して新住民も増えたというすばらしい実績もある。さらに山内地区全体に拡大して、ブルーベリーの摘み取り農園「山内フルーツ村」に発展する。

これに刺激を受け、「そば」に転作し、「そばのオーナー制度」を始める。1万円で50㎡のオーナーになる仕組みだ。収穫体験などの「都市農村交流事業」も好評を呼ぶ。人手不足で年間25組に抑えたが、かつては150組が契約したこともあったという。作付けも順調に増え、10年を経ずして遊休農地が全てそば畑に姿を変えた。今は、全体の耕作面積18haをスタッフ4人で管理するほどで、劇的な変化と言っていいだろう。栃木県の「減農薬・減化学肥料栽培」認定も受けている。

初めは、そば粉にして「道の駅もてぎ」で販売していたが、

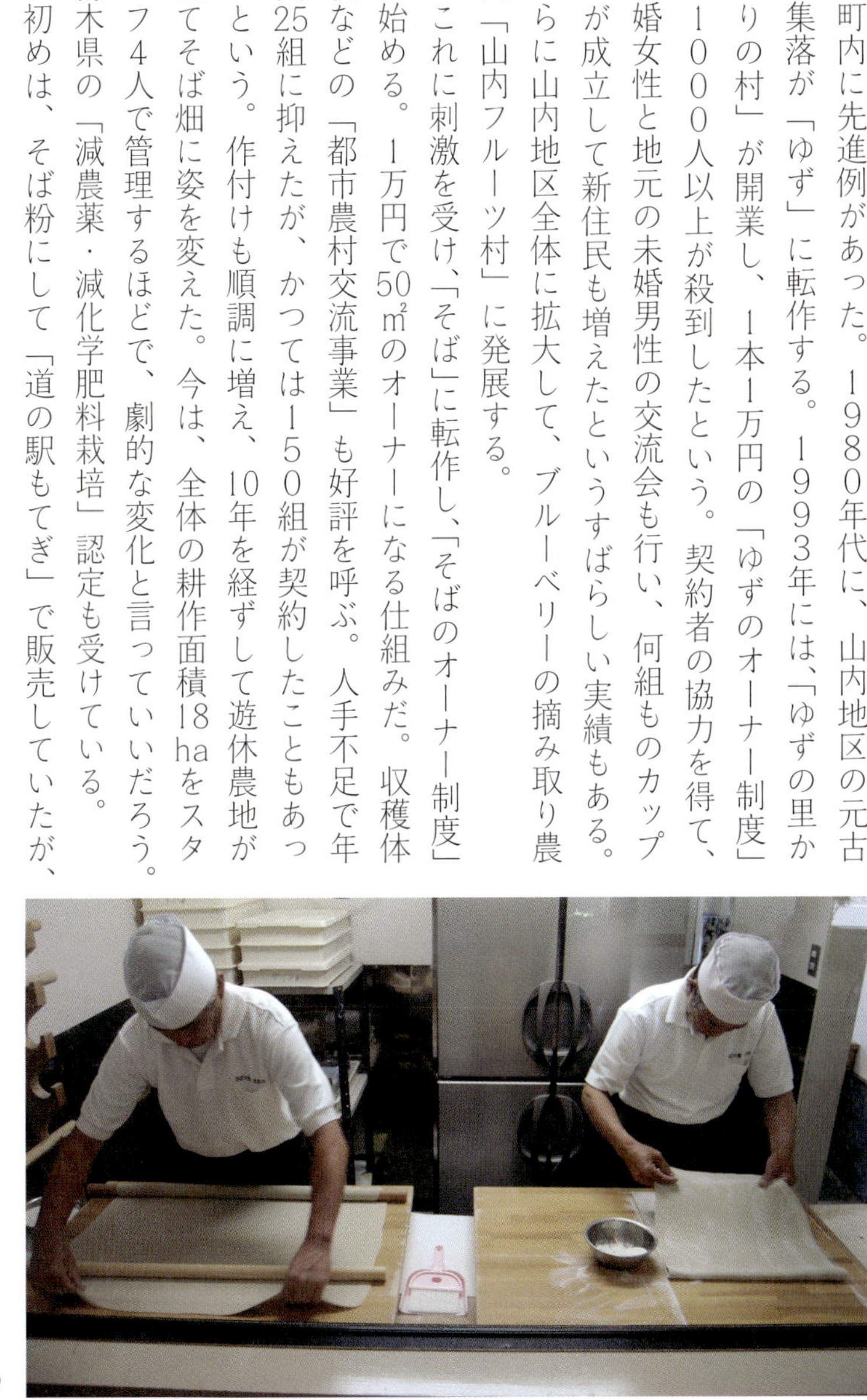

農協に出荷するだけではつまらないと思っていたとき、レストラン開業の話が持ち上がる。60世帯中、18世帯が賛同し、10万円ずつ出資して母体ができた。開店間もない2003年9月には、レストランとそば畑を経営する農事組合法人「そばの里まぎの」を設立。

茂木町は住民と役場の仲がいい。1990年代から、小学校区ごとに「まちづくり委員会」を作り、住民と行政が一致協力して取り組んできた歴史をもっている。職員はみな、初年度から各地区の委員会に配属。係長級の事務局長以下、若手6人が住民をサポートしながら各地区の仕事に汗を流す。若い時から現場に入ることで地域の事情に精通できる利点があるにちがいない。

「そばの里」成功の背後にある熱心な職員の存在を見逃せない。「付加価値をつけてみませんか?」と誘ってきた人が、当時の農林課長補佐だった。地域や住民への奉仕、民間への協力を惜しまない茂木町役場ながら、農林課長補佐はかなり異色な存在と言っていいだろう。大きな費用がかかり、リスクも伴う

事業だが、住民有志をやる気にさせ、当時の町長と石川店長たちの面談をも実現。熱心な説得に、当初は慎重だった町長もすっかりその気になってしまったようだ。

チャレンジ精神

オープン3年目の2005年には早くも新規事業に乗り出している。レストランは客単価が安いため、収益向上を願い、加工食品に挑戦したのだ。「土産品はないの?」。客の一言から商品開発に着手。そば粉を原料にしたかりんとう、シフォンケーキ、そば湯のゼリー、お茶やソフトクリームなどだ。2014年には、加工食品だけで224万円を売り上げた。黒豆そば茶、そば焼酎の商品化にも取り組む。

一番人気はシフォンケーキだが、手が足りないので断らざるを得ないこともあるという。そば粉を使ったスイーツには、まだまだ開発の余地があると感じるだけにもどかしい。

石川店長は言う。「そばの地ビールも作ってみたい。かりんとうなど、そばの加工品はインターネットや都市部で販売したいですね」
製造スタッフが増えれば、さらなる6次産業化も進むはずで、やがては、レストランと車の両輪のようになるかもしれない。

そば粉だけではなく、関係する全ての素材を自ら作りたいという思いも強いようだ。農業地帯ならではのこだわりもある。ツナギに使う麦の栽培にも挑んでいる。まだ成功していないが、いずれは一貫生産を実現したいという目標もある。

さまざまな挑戦をしながら、出資者が共同で組んだ15年ローンも毎年１００万円ずつ返済してきた。２０１７年には完済する見通しだ。もうじき、少しだけ資金的な余裕もできる。無論、大企業ではない。無理は禁物ながら、「そばの里まぎの」には手作りベンチャーらしいチャレンジ精神が息づいている。小さな夢工房は、身の丈に見合ったやり方で、さらなる前進に向けて着実な歩みを続けている。

産地を守る「共同体」の"ゆったりズム"

梨栽培　東平梨の里保存会
埼玉県東松山市

定年退職者の果樹園

新規就農には、さまざまなカタチがある。「東平梨の里保存会」（吉村寿夫会長）は、市から「産地を守る」ために頼まれて、定年退職者たちが果樹園を始めたケースである。

この保存会では、かつての職場の先輩後輩だった人たちが、緩やかな時の流れを感じつつ、楽しみながら農業に取り組んでいる。家で時間をもて余しているより、畑で共に汗を流した方が健康にもいいようだ。参加者たちは、「毎日が日曜日のような日常に比べて心身ともに調子がいい」と一様に語る。集団でやれば、1人や夫婦2人、家族だけの少人数に比べて作業効率も良く、仲間との茶飲み話でお互いに元気をもらうこともできる。日本の農業はかつて、手作業をベースにした労働集約型だった。機械化以前は、農家が順番に作業を手伝い合い、合間には持ち寄ったオニギリや漬物などを共に食したものだ。会長の吉村寿夫さんをはじめメンバーは農業未体験だったが、年齢的に日本の古き良き村落共同体の遺伝子を引き継いでいるのかもしれない。

「最初は断ったんだけど…」

「やる気があってはじめたわけじゃない。一度は断ったんだ」

会長の吉村さんが笑う。そもそも、２００２年に、大地主で梨園を営んでいた人が亡くなったものの、息子さんには継ぐ意思がなく、このままだと梨畑なくなってしまうという市の危機意識から始まった話である。

梨は東松山市の特産で、当時の市長も梨の生産に力を入れていた。やがて市の農業公社と農政課が動き、吉村さんたちに「梨園を残してほしい」と相談してきたという。「産地を守る」政策でもあった。とはいえ、吉村さんも、仲間たちも梨づくりの経験がない。近くの工場でディーゼルエンジンなどを作って来た技術者がほとんど。農業の体験もなきに等しい。

「とてもじゃねえができねえ」

吉村さんは断ったが、農業公社勤めの役場ＯＢが熱心に説得したのだという。吉村さんが重たい腰を上げ、仲間を集めて意見を聞くと、16人のうち7、8人から「なんとかやってみよう」という声が上がり、そこから梨園再生が始まった。

吉村さんが引き受けた背景には力強いサポーターがいた。吉村さんの奥さん・ゆきさんだった。ゆきさんは１９５５年から、近所の梨園を手伝ってきたベテラン。選別と荷造り、出荷が主な仕事だったが、長年の経験でだいたいのことはわかる。

「私が教えればいい」

ゆきさんはそう思って吉村さんたちのお尻を押したのだった。当時はみんな、定年退職した後で仕事をしておらず、「健康のためにも何かした方がいい」とみんなが思っていたときでもあつた。

市から持ちかけられた話とはいえ、引き受けるからには自分たちの責任でやらなければならない。始めるにあたって、吉村さんは厳しい条件を提示した。天災があると収入はゼロなるが、それでも肥料代などがかかる。資金が足りなくなったら追加の持ち出しがあり得ることを強調し、会則にも書いた。今のところ、危惧

は現実になっていないが、農業は気候に大きく左右される。利益が出ないどころか、損失を覚悟しなければならないことを訴えた。それでもなお、やる気のある7人が残ったという。

梨園は行政が間に入って借りることにした。出来合いの農地だから、すでに実がなる梨の木が植えられていた。品種は、幸水、豊水、新高、彩玉、日光梨など6種類で、後はきちんと栽培し、売れればいいという状況だった。といっても、会員は皆、梨づくりの未経験者だったため、経験者の吉村ゆきさんに教わりながら作業を進めた。剪定、鳥害対策のネット張り、花粉つけ、施肥、袋かけ、選別、荷造りから配送など、どれひとつ楽な作業はない。

その分、助け合いの心が働いているともいう。防鳥ネットは、風に戻されるから1人、2人じゃとうてい張り切れない。網かけ、袋かけも、1人だけだと10ａは無理だが、6人だと60ａできてしまう。施肥もみんなでやるから辛くない。「皆さんに力をもらえるから」と長谷部五郎さんは笑う。「能率が見えるからね、大勢だと。2人だと、剪定も1日に1本くらいかな」と柳沢茂さん。

「仕事は骨が折れるけど、小遣い銭くらいにはなるわけだし。楽しいばかりでカネとるわけにはいかねえからなぁ」

吉村さんが締めくくる。

案ずるより産むがやすしの販路開拓

「特に苦労と思ったことはない」とメンバーは語るが、目算違いはあった。梨園を引き受けた時、

「地元の人たちがお客さんになってくれるだろう」

誰もがそう思い、販路を心配する人はいなかったのだが、いざ蓋を開けてみるとほとんどお客が来ない。買ってくれたのは、地主の奥さんが声をかけてくれた人たちだけだったという。

「どういう訳だろう」

吉村さんたちは頭を抱えた。とはいえ、作ったからには売らなければならず、クヨクヨ考えている暇などなかった。

まず保存会のメンバーがそれぞれの親戚や友人、知人に声をかけた。メンバー1人につき知り合いが6、7人いるから、かなりの数になる。ここの梨は抜群に味がよく、買った人たちが知り合いにあげるとさらに評判を呼んだ。「こんな美味しい梨は食べたことがない」「どこで買ったの？」「今度、一緒に連れてって」と口コミで評判が広がり、何とか順調に売れるようになっていった。案ずるより産むがやすしで、あれよあれよという間に、独自の全く新しい販路が出来上がっていった。

昔は、バスで団体客が買いに来ていたというが、今はマイカーで買いに来る人たちが多い。少人数だと対応できない「梨狩り」も保存会では十分に対応できる。

「梨狩りはやっていません」

そんな看板を立てる農家もある中、保存会の梨園は梨狩りでも人気を呼んでいる。訪れた客には、違う品種を差し出し「これも食べてみて下さい」とすすめてみる。「サービスは大事。会話するのも大切なんですよ」。ゆきさんが経験をもとに教えてくれる。

発送の需要も多い。注文は、沖縄、九州から北海道まで日本全国にまたがる。特に、宣伝するわけじゃないのに、買ったくれた人たちから評判の輪が広がり、毎年、注文が10人から15人ずつ増えている。ただ、無理な販路拡大はしない。若い人が来てインターネットで紹介するのも善し悪し。大勢が押しかけて、品不足で対応できないと悪評につながるからだ。

自由なシステムの居心地

保存会の会員は定年退職した人たち。無理な作業は身体に響くことを心得ているメンバーである。最初から、これだけで食べていくつもりの人はおらず、年金や預貯金など、生活を支えるべき糧は別にあり、梨づくりは副業、楽しみながらやっている。

長谷部五郎さんは言う。

「調子悪けりゃ、帰っても、休んでもいい。透析を週3回やっている人にもできる。自由なシステム。それがいい」

「よそで働くとこうはいかない。タバコ1本吸ったり、リポビタン1本飲んでても、『そんな暇があったら箱つくれ』と言われる」

ゆきさんは愉快そうに笑う。

もちろん、仕事は厳しい。消毒、花粉つけ、袋かけ、鳥害対策のネット張りなど、農家特有の重労働もある。夏の暑い時期も休めない。それも、励まし合い、助け合いで辛さも半減する。「これで生活しているわけじゃない」。その気楽さが「自由なシステム」を支える。

「時間に制限ないから、お茶飲んで、時には1時間くらい話すこともある。それが1つの輪だと思う」とゆきさん。作業が遅れたら、翌日やればいい緩さが長続きの秘訣らしい。

梨園の面積は約60ａ（6000㎡）。最初に借り受けた時から変わらない。売り上げは、10ａ当たりで年間6万円をやや上回る。「もっと大きく広げたら」。そう勧められるが、無理をしないのが保存会のモットーでもある。会長の吉村さんは言う。

「専業としてやっているわけではない。広げると仕事量が増えるし、人も増やさなければならない。元がかかるから必ずしも所得が増えるわけではないんだし」

事業規模を拡大すると自由なシステムが維持できなくなる心配もあるようだ。

梨園の仕事があっても、悠悠自適な暮らしではない。それでも、会員同士、あるいは別の仲間との旅行など、遊ぶ時間もまたそれぞれが大切にしている。

ここは、みんなでやって、みんなで売って、みんなで売り上げを分配する共同体。利益の拡大が目的ではない。農作業も販売も、仲間と一緒に楽しみながら汗を流し、等しく果実を分け合う。その居心地の良さこそ、梨の保存会を支える原動力なのかもしれない。

地域の自立をめざす、こだわりのコメ作り

和仁農園 和仁松男さん
岐阜県高山市

耕作放棄地の増加はふるさと消滅の危機

「建設業の技術開発は、行き着くところまで行きました。それに比べたら農業は、はるかに改良の余地がある分野です」

「奥飛騨」と呼ばれる岐阜県高山市の山間部に位置する上宝町見座に、和仁農園はある。新規参入でありながら、2007年から2015年まで連続して「米・食味分析鑑定コンクール国際大会」で金賞を受賞。作付面積は34ha、283枚と「企業型農業」としては決して大きくはないものの、高品質のコメを提供する稲作業者として注目されている。

和仁農園の親会社は、地元の中堅建設会社「和仁建設」だ。社長の和仁松男さんは地元生まれの地元育ち。過疎化が進み、ふるさとの風景を形作っていた棚田が、どんどん耕作放棄地になっていく現実を目の当たりにし、「このままでは、故郷が壊れてしまう」と、強い危機感を持っていた。さらに、2000年頃から公共事業が大幅に減少し、建設業界は大きな転換点を迫られていた。業績が悪化しても、地元の人ばかりの従業員を簡単に解雇できない。そこで和仁さんは、

「農家の方が管理できない農地を借り受け、雇用創出対策として農業に進出したのです」

一見、大きな業態の転換にも聞こえるが「機械を使うという面で、建設業と農業は共通部分が多いんです」と、和仁さん。確かに、建設機械を扱えるなら、農業機械だって使える。圃場整備などお手のものだ。とはいえ、2000年のスタート時点は、和仁さんと社員1人だけの労働力だったが、次第に「和仁さんのとこが、田んぼの面倒を見てくれるそうだ」という話が広まり、耕作依頼が日増しに増え、労働力も増えていった。

農業経験はゼロで、ほとんど独学で始めたという和仁さんにとって、

「一番参考になったのは農業新聞です。隅から隅まで読んで勉強しました」

当初は、農業のメインとしてトマトやトウモロコシなどの野菜類に目を向け、持ち前の研究熱心さを発揮し、飛騨牛の糞尿に生ゴミや豆腐のおから、米ぬかなどを好気高温発酵させて作ったオリジナルの堆肥を作り、それで育てたところ、

「びっくりするほど美味しい野菜ができました」

しかし、中山間地の農業は、そこで作ること自体が高コストという宿命を抱えている。当時は「ブランド野菜」という概念も薄く、採算が取れなかった。「トウモロコシだと、一本350円で売らないと元が取れない。でも、200円以上の値段は付けられませんでした」。おまけにイノシシが畑を荒らす被害も甚大だった。気がつけば毎年、年間1000万円前後の赤字が出る状況で、雇用創出どころではなかった。

いったん耕作放棄地になれば、そこには雑草が根を張って害虫が繁殖し、再生までに数年が必要とされる。「ふるさとの風景の崩壊」は目に見えていた。そこで和仁さんは、野菜を諦めてコメ作り1本に絞るという作戦に出た。

「水田ならイノシシの隠れ家にならないし、水遊びをする程度で済みますから」

さらに、人間が食べるイネの水田の周囲を、飼料用イネの水田で囲うなどして、イノシシ対策をとった。

こうして、和仁さんが本腰を入れてコメ作りに取り組み始めたのは2005年のこと。ここで和仁さんは大きな方針転換を行い、「コストの壁は越えられない。なら、コストに見合ったコメを作り、お客さんに納得し

て買ってもらおう」と決めたという。

コメ作りの原点に帰り、メタボ米に対抗

和仁さんには、2つの古い記憶があった。それは「この辺でとれるコメは美味い」と、昔の大人たちが語っていたことだ。

ここ見座の地域は、中山間地域というデメリットこそあれ、朝露が降り、1日の気温差が大きい。そして北アルプスから流れ出る高原川(たかはら)の清冽な水は、18度の水温で安定している。冬の厳しい雪は多くの害虫を死滅させ、雪解け時に地中深くまで酸素を行き渡らせる。農業用地としての条件が揃っている土地なのだ。「ちゃんと作れば、美味しいお米ができるに違いない」と、和仁さんは確信していたという。

そしてもう一つの記憶は、稲刈りの時期だ。昔の稲刈りは10月10日前後に行われていた。しかし、

「今は9月上旬には刈り取られるんです。この1カ月の差は何だろうと考えました」

その答えは、またしても農業新聞にあった。「イネは、1日の気温差がもっとも大きな時期に登熟させると食味が増す」という記事があったのだ。その条件を満たす時期はいつ頃なのか調べたところ、最低気温15度、最高気温30度となる9月15日前後だった。

「この頃に登熟させるなら、逆算すると田植えの時期は6月になる。すると、稲刈りは10月10日頃になるんです」

記憶とぴったり一致した。まるまる1カ月、田植えの時期が早まっていたのだ。その理由は、イネの育苗をトマト栽培のビニールハウスで行っていることだった。

「5月になるとトマトを栽培するために、イネの苗は追い出される。トマトの都合だったのです」。和仁さんは「ふるさとのコメ作りの原点に戻ろう」と、イネ専用の育苗ハウスを作り、6月の田植え、10月中旬の稲刈りを実行した。

もう一つ、気に掛けていたことがあった。それは収穫高だ。

「これも農業新聞で知りましたが、例えばコシヒカリの適正収量は10a当たり460Kgなんだそうです。ところが現実には、600Kgほど収穫する農家もある。農協を通せば、どんな作り方をしても同じ値段で買い取られる。なら、少しでも収量を増やすのは当たり前です」

肥料を大量に投入して収量を増やしたコメは、和仁さんによれば栄養過多の「メタボ米」。成分分析するとタンパク質が多く、モチモチ感に乏しい。つまり、食味を犠牲にして収量を優先しているのだ。「おまけにメタボだから病気にもなりやすく、消毒もいっぱいする

んです」

和仁農園では、イネとイネとの間隔をあけて田植えを行い、収量を「適正とされる量まで」抑制した。その分、イネのすき間からは日光とたい肥からの栄養がたっぷりと吸収される。使用する肥料は、野菜作りで培ったオリジナル肥料にさらに改良を加えた有機肥料で、木酢を含んでいるため、害虫被害も少なくなった。ごく少量の農薬を使用しているが、それ以外はほぼ有機農法を踏襲している。種モミの殺菌には農薬消毒をやめ、60度のお湯で低温殺菌処理している。

こうして出来上がった和仁農園のコメは、すべての水田が食味検査で85以上の検査値を叩き出した。しかし、それに見合うコストは1Kg当たり250円に上った。平野部で普通にコメ作りをしたら、おそらく1Kg170円前後で済むだろう。しかも農協を通せば、自前の倉庫もパッケージの手間も必要ない。

それでも「安心・安全・美味しさ」には絶対の自信があった。その読みは当たり、さらに「ブランド米」ブームも追い風となり、市場評価は一気

に高まった。そして冒頭の「米・食味分析鑑定コンクール」により、和仁農園のコメの評価は不動のものとなった。

現在は銘柄を絞り、コシヒカリとミルキークイーンの2品種を生産している。「コシヒカリはあっさりした味わいで、ミルキーはすごく甘いのが特徴です。どちらも、冷たくても美味しい。おにぎりにしたら最高ですよ」

稲作の既成概念を破るチャレンジ

品質にばかり注目が集まりがちだが、コメ作りの当初の目的は「雇用創出」にある。そのための工夫も随所で発揮されている。例えば、和仁農園では食味にこだわったブランド米のほか、旅館などに卸す「業務用米」、そして飼料用イネの3種類のコメを作っている。「コメの品種によって、作業の時期をずらせば、仕事量が分散でき、繁忙期と閑散期がなくなります」

また冬季に行う農機具のメンテナンスも「仕事を作るため、社内で行っています」。農業とは離れるが、独居老人のために屋根の雪降ろしや墓の掃除も引き受けるなど、「地域のインフラ」としての機能も備えつつある。こういった取り組みもあって、従業員は現在、12人に増えた。後発だからこそのチャレンジ精神も旺盛だ。

「棚田は日々の作業管理が大変なので、稲作の業務管理ソフトを開発中です。完成すれば、タブレットで優先順位が確認できます。何番の田んぼは草刈り、何番の田んぼは田植えってね。便利になりますよ」

また、ラジコンボートによる水田の草取りシステム（「草取まつお」・株式会社未来工業との共同開発）や、トラクターの半無人化、さらには稲作業務管理ソフト（「らくかる管理人」・株式会社インフォファームとの共同開発）など、農業の常識を変えるような開発も行っている。

「だから毎日、すごく忙しいんですよ」と言うが、表情は明るい。それもそのはずだ。「新しいことを始めるのは、すごく楽しい。農業で、こういったことをする人は、あまりいないでしょ」

自家製の米粉を使ったパンの販売も始まった。お米のテーマソングも作った。「耕作放棄地を解消すること。丹精込めて作ったお米を適正価格で販売すること。雇用を創出し、経済的に自立することをめざして進むだけです」

和仁さんの地方創生への取り組みは、まだまだ始まったばかりだ。

第5章　人生二毛作　農で起業

Ｉターン就農で始めた食用ほおづきの栽培

バディアス農園 八ヶ岳農場 鈴木康晴さん
長野県諏訪郡富士見町

食べられるほおづき

小さい頃、お盆のお供えのほおづきの実を口に入れ音を鳴らした思い出がある人は、案外に多いかもしれない。ほおづきといえば、そんなふうにして遊ぶか、観賞用として飾って楽しむくらいしか思い浮かばない。ところが、食用のほおづきがあるのだという。それを専門に栽培しているのが、八ヶ岳の麓、長野県富士見町の鈴木康晴さんだ。

「ほおづきは、甘みと酸味があってとても美味しいんですよ。ま、食べてみてください」

鈴木さんは、そういうと、畑の中を物色し「お、これはいけそうだな」とオレンジ色に色づいたほおづきの実をハサミで切って渡してくれた。色が少し茶色っぽい感じがするだけで、観賞用のほおづきとかわらない。

ところが口に入れ一噛みするとたしかに甘みが舌の上にひろがり、爽やかな酸味が追っかけてくる。

「美味しいですね」

「そうでしょう。さらに熟せば、もっと美味しくなりますよ」

食用ほおづきの収穫は夏から秋にかけて、霜がおりるようになるまでなのだという。ふだんは実を収穫してから1週間ほど日向において追熟させるのだそうだ。糖度は14から15度。同じナス科のトマトは11度ほどだというから、甘みの濃い野菜である。

「観賞用のほおづきは中国から入ってきたもので、この食用ほおつぎは南米のアンデス地方が原産なんです。日本に入ってきたのは、平成に入ってからです。たぶん私は食用ほおづきの栽培をはじめた初期の50人には入っていると思いますよ」

欧米では古くから知られていて、肉にかけるソースに利用されたり、チョコレートをコーティングしたデザート、あるいはジャムにして食べられているのだという。

「でも、日本人の90パーセントは食用ほおづきを知らないと思いますね」

鈴木さんは、この野菜の存在をもっと日本の人たちに知らせていきたいと思っている。

第二の人生は定年のない仕事を

鈴木さんの故郷は宮城県栗原市である。1955年、稲作農家の次男として生まれた。

「親の大変さを見ていましたから、農業がイヤでね。高校を卒業すると、すぐに東京に出てきたんです」

大手の電機メーカーに勤めながら、大学の夜間部に通った。その会社に15年いて、33歳のとき半導体の設計ソフトを売る外資系企業に転職し、マーケティングと営業を担った。

そうして、40歳が近づいてきた頃、第二の人生について考え始めたという。

「次は、定年のない仕事をしたいと思っていました。やっぱり血は争えないんでしょうね。土に馴染む生活にあこがれもあって、農業も定年がない仕事だなと思ったんです」

就農するならまだ体力のあるうちのほうがいい。そう考えた鈴木さんは48歳で会社を辞め、就農の準備を始める。

農水省の肝入りで、新規就農を推進するため各県に「農業大学校」が開設されていた。その一つ、静岡県磐田市にある静岡県立農林大学校に入学し、農業の基本を1年間学んだ。静岡を選んだのは温暖で農業に適したところという理由からだったそうだ。

その後、磐田農業高校で2年ほど農業実習助手として働いた。

「ここでの実習がとても勉強になりました。なにより体力がつきましたね」

お金をもらいながら、トラクターの運転の仕方や疲れない鍬の使い方など実践的な技術を学ぶことができた。その一方で、鈴木さんは、どんな作物を育てようかと思案しながら、貸してもらえる農地も探していた。

「でも、静岡は物なりがいいためか、貸してもらえる農地が見つからなかったんです」

そんなとき電機メーカー時代の知人の紹介で、長野県富士見町を訪ねたのだ。運よく、八ヶ岳の麓に10a（1000㎡）の畑を借りることができた。さて何を植えるか。その思案は続いていた。たまたま別の用事があって群馬の知人を訪ねたとき、その人が家庭菜園で食用ほおずきを育てていたのだった。

「これだ！　とピンときたんです。これならビジネスとしてやっていけると思いました」

鈴木さんは、偶然に出会った食用ほおずきに一目惚れしたのである。

「太陽の子」と命名

すぐに種を探した。一つはボストンにいる外資系の会社時代の友人に頼んで20粒、もう一つは近くの種苗メーカーに取り寄せて

もらった50粒。あわせて70粒の種から栽培をスタート、51歳のときである。

アメリカから取り寄せた種は環境が合わないのか美味しい実にならなかった。ところが、種苗メーカーの種は美味しい実がなった。

食用ほおづきは世界で30種類ほどの品種があるそうだ。そのうち日本に入ってきているポピュラーなものは3品種。2年目、3年目は違う2つの品種も育てた。しかし、いちばん最初に育てたものが味もよく、試食をお願いした人たちの評価も高かった。

「この品種が、八ヶ岳の環境にマッチしたのかもしれません」

鈴木さんの畑は標高1150m。夏から秋にかけて1日の寒暖の差が大きく、原産地である標高3000mを超すアンデス地方の気候に似ているともいえる。さらに日照時間が長いのも特徴で、晴れた日は燦々と陽が当たる。

「どうもこの種は太陽を好むようなんです」

毎年、いい実のなったほおづきの種だけを取っていく良品選抜を自分でやった。こうして、鈴木さんは、よりいい品質のほおづきを自分で創りあげたのだ。そのほおづきに「太陽の子」という名をつけた。

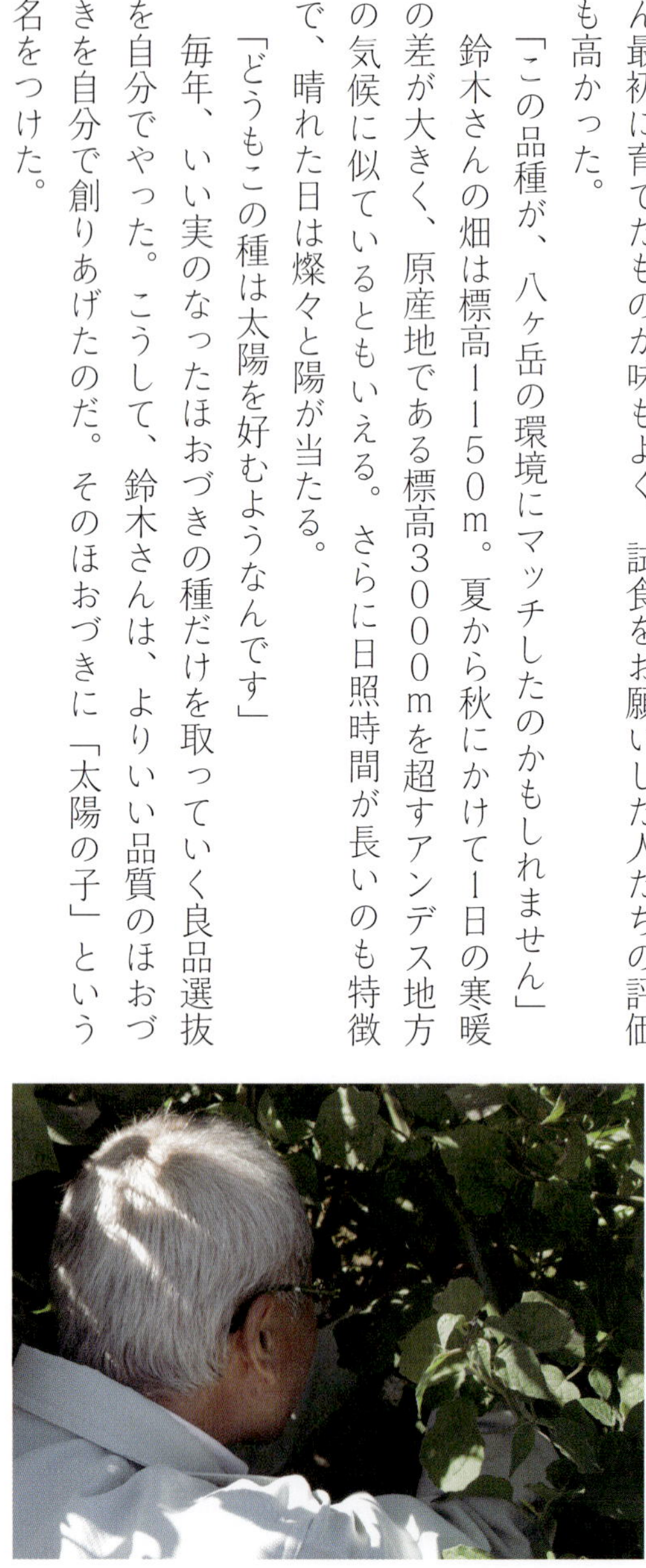

苦労したことの一つは栽培方法だった。参考になる資料がないため、すべて自分で試行錯誤してやってきた。水はあげないほうがいいこと、畝と畝の間をどれくらいの広さにすればいいか、一つの畝に何本くらい苗木を植えていくか……細かい記録をノートにつけて、1つひとつ自分で栽培の仕方を確立していったのだ。

「いまの栽培方法にいきつくまでに6年かかりました」

鈴木さんは、その栽培方法のノウハウをCD化して1枚8000円で欲しい人に分けている。いま全国に200人くらいの〝弟子〟がいると笑った。

なぜノウハウを開放するのか。食用ほおづきを栽培したいという人に自分と同じ苦労をさせたくないという思いと、ほおづきのマーケットをもっと大きくしていきたいという思いからだという。

「もちろん私のつくる『太陽の子』は誰にも負けないという自信があるからです。それと販路の開拓にも苦労しましたから、できるだけマーケットを大きくしたいんです」

最初、鈴木さんは、コツコツとレストランをまわったり、イベントに出店して食用ほおづきの試食をしてもらい販売につなげていた。1年目はようやく1軒のレストランで使ってくれることになった。2年目は3軒に増えた。いまはレストランや仲卸などプロ向けの取引きは50軒、個人の顧客は150人ほどになった。

「農業だけでやっていけるようになったのは、ここにきて4年目くらいですね。それまではアルバイトをしたり、東京にいる妻から仕送りをしてもらってました」

「仕送り、ですか？」

「はい。妻も仕事をもっていまして、私は単身赴任なんですよ」

鈴木さんはそう言って相好を崩した。やっとホームページからの注文が中心になって、いまは営業にまわらなくてもよくなったという。

地域の信頼を得てこそ可能なIターン就農

鈴木さんは、いま30a（3000㎡）の畑に420株の食用ほおづきを育てている。1株で1万円ほどの収穫があるという。はじめの10aから畑が増えたのは、それだけ地域の信頼を得た証である。

「私のようなIターンの就農者は、地域の人たちから見ればよそ者なので、いちばん注意しなければならないのは、いつもまわりの人から見られている、ということです。地域の寄り合いや祭にも参加したし、なにより畑をきれいに管理してきました。それで、あの人なら大丈夫かなと思ってもらえたのでしょう。ぜひ畑を借りてくれないかといわれ、毎年、増えていったのです」

ほかにも何か就農の心得はありませんかと聞くと、「目標をもつこと」という答えが返ってきた。

「自分がいったい何をやりたいのかという目標をしっかりともつことですね。それがあれば少々の困難は耐えることができます。それと農業だけで食べていこうと考えているなら、ほかでやっていない作物を見つけることです。狭い面積でも高付加価値のものを育てるといいんです。そういう作物は自分で販売できますから」

自分が顧客と直接取引きすれば、クレームも顧客から直接入ってくる。たとえば「傷んでいたのが入っていた」といわれる。その原因を探り、再発防止に知恵を絞る。クレームは自分がもう一つレベルアップするきっかけになる。

鈴木さんは、そういうのだ。

「それが、お客さんと直接コミュニケーションをとれる、いわば〝顔の見える農業〟のよさといえると思います」

鈴木さんは、食用ほおづきと出会えたことが最高にラッキーだったと考えている。その栽培方法を確立するのも楽しかったし、その方法を編み出したことで自分の名を残せるかもしれない、そう思うとワクワクするというのである。

62歳で帰農、自分が食べて納得した果物だけを販売

小野農園　小野要一さん
山梨県南アルプス市

山梨の元祖さくらんぼ農園

小野農園のホームページは、商品の説明よりも農園の紹介が大きなウエートを占めている。そもそも小野要一さんが、このホームページを開設した目的が農園の歴史を残すためだった。2008年12月のことである。

小野さんは、いう。

「親父が亡くなって5年くらいたったころです。まだ私は会社に勤めていて、この土地をどうするか、考えていたときです。どうするにしても、ここは歴史がある農園なので、その歴史を風化させたくないと思ったんです。1つの自己主張ですね」

それまでは桑やタバコ、綿花などを

栽培していたこの地域に果樹栽培を導入したのが、小野さんの曾祖父や祖父だったのだ。

「1899年（明治32年）に、山梨県でどこよりも早くさくらんぼの栽培を始めたんです。綿花の暴落などもあって、これからは果樹栽培が有望だと考えたのだと思います。ここはいわば〝元祖さくらんぼ農園〟なんです」

その後、桃やすももなど、栽培される果樹が増えていった。小野農園は、旧西野村（現・南アルプス市西野）を〝果樹王国〟にする礎を築いた農園なのである。ホームページには、こうした小野農園の歴史が紹介されている。

その農園を父の高昌さんが受け継ぎ、その家の長男として小野さんは1950年に生まれたのだった。大学卒業後、大手電機メーカーに就職して、ずっと茨城県日立市で暮らしてきた。

父が亡くなった後は、農園の手入れをするために土日になると、時折茨城から通ってきていたという小野さん。定年を迎えた後も、2年間は会社に勤めた。西野には、老いた母が独りで暮らしている。母の面倒もみなければならない。農園も手放す決心がつかない。――それならと、甲府生まれの妻とも話し、第二の人生を故郷で送る決心をして、62歳のときに戻ってきたのだった。

直販と観光農園

小野農園の広さは約1・5ha。要一さんの父は、繁忙期には何人も人を雇って農園を営んでいたという。

「でも、私がそれだけの広さの農園を維持するのはムリです。1haつくれば〝本百姓〟といわれるのですが、それでも人手を借りて作業しないとできません。樹をどんどん切って、いまは60aほどでやっています。樹の数は当時の2割か3割くらいかもしれませんね」

農業資材などの高騰で、果樹経営は厳しさが増しているという。

「そのうえ昔より果物の価格が下がっていますからね。私のイメージでは、いい頃の半分ほどの感じです」

小野さんの近所の先輩たちは、まだ農家を継ぐ人が多かったという。高度経済成長時代は果樹だけで子どもたちを大学に行かせることができるくらい収入があった。しかし、現在、若者たちは農業を継がず、サラリーマンになっている人たちが多い。それだけ農業の現実は厳しい。

だからこそ、「高く売る工夫をしなければやっていけないんです」と、小野さんはいう。

いま小野さんは、果物のホームページによるネット販売を主体にやっているが、今後は、さくらんぼ摘みができる観光農園もやっていこうとしている。果樹には、たとえばハウスで通年栽培ができる野菜などとは違い、年に一度しか実を結ばないという制約がある。

「それで、春から秋まで実の成る時期が違う果樹を植えてリスク分散する農家が多いんです。私のところも、春のさくらんぼ、夏の桃、秋のブドウや柿などを植えています」

詳しくいうと、さくらんぼは20a、桃は10a、ブドウ10a、柿10a、そのほか空いた10aのスペースでりんご、梨を育てている。

「りんごや梨は自分が食べたいから植えているんです。もちろん、直販もしています。果物が美味しくなってから送って食べてもらうところが直販のいいところですよ」

さらに果樹ならではの制約は、苗木を植えて実をつけるまでに数年かかることである。

「コメや野菜は植えたその年から収穫ができますが、果樹はそれができないんです。自分が植えた果樹が実をつけるまでの間は収入がないということです」

桃栗三年、柿八年……。新しい苗を植えた場合、その期間は待たなければならない。そのうえ、消毒用ポンプ、草刈機、雨よけハウスなどの設備投資にも資金がかかる。

そうしたことを考えると、ゼロから果樹農園をやろうとするなら、すでに樹木が植わっている遊休農地や現役の農地を譲り受けられるような手だてを講じることがいちばんだ、と小野さんは話す。

大切なのはムリをしないこと

小野さんは果樹栽培の知識や技術をどこで学んだのだろうか。そのことを聞くと、

「本を読んで勉強したんです」

という答えが返ってきた。えっ、本からですか?! と驚いていると、

「そう。本です。私も農家の長男ですから、小さな頃から見よう見まねで、いまの時期は何をすればいいのか、どういうふうにやればできるのか、というような手順が刷り込まれているんですよ」

そのうえ小野さんは近所に親戚や知人が多く、実際の作業で困ったことがあれば聞くこともできた。経験者の答えがいちばん役に立つという。

「しかし、みんな忙しいから、こちらから聞きにいかないと教えてもらえませんよね。だから自分で勉強することが大切なんです。本を読んで、実地の講習を受けたりして、ね」

小野さん夫妻も、農協が主催する新規就農者向けの10回講座を受講したそうだ。

それともう一つ大切なことは、体を疲れさせないように工夫することだと話す。

小野さんが就農していちばん苦労したのは夏の暑さだったそうだ。

「サラリーマン時代は夏場はエアコンのきいた部屋でデスクワークをしていましたから、汗なんてかきませんでした。でも、ここでは夏は汗びっしょりになるんです。上着が汗で

濡れて絞れるくらいになります」

小野さんは午前中に働いて、シャワーを浴びて服を着替え、昼寝してから夕方にまた作業をするのだという。

「長続きさせるには体に負担をかけないようにすることがいちばんなんです。実際に自分が農業をやってみて、親父の苦労を改めて実感しています。私は夏だと朝は5時頃から始めますが、親父は4時にはもう畑に出ていましたからね。夜も遅くまで働いていたし……。大したもんだったなと思います」

ほかにも疲れない工夫として、低いはしごで収穫できるように木を高くしないようにしたり、昔は草取りも1本1本抜いていましたが、今は芝刈り機でやるようにしたりしている。

「そうすると刈られた草がそのまま堆肥にもなります。いわば雑草の力を借りた草生栽培ですよ」

そういって、小野さんは笑う。桃は花粉づけと袋がけがいらない品種の白凰を植えているし、さくらんぼも花粉づけしやすいように工夫する。外観と色の基準の厳しい農協に出荷せず、味で勝負しようと、直販しているのもムリをしないための工夫の1つなのだ。

自分が食べて美味しいものだけを販売

小野さんはサラリーマン時代、核融合加熱装置の設計チームのリーダーをしていたという。

「夜の9時に帰るなんて考えられず、土日も出勤して当たり前というなかで、納期に追われるような生活をしていました。いまでも仕事に追われる夢をみることがありますよ。しかし、目覚めて〝ああ夢か、よかった〟と安心する。この仕事は人間関係の煩わしさもないし、仕事のノルマに追われることもありません。それが自然の中で働くことの最高のよさです」

小野さんは肥料に有機肥料を使い、低農薬で果樹を育てている。美味しい果実を育てるためのこだわりだという。

「私は果物は色や形じゃない、美味しさだと思っているんです。そのために、いっぱい実を成らせないこと、できるだけ日当りをよくすることなどに気をつけている。そのうえで自分で食べてみて美味しいと思ったものだけを直販に出しています。するとお客さんから『美味しい』という感想が返ってくるのです」

「美味しかった」という声こそが小野さんの励みになっているようだ。

「ようやく最近になってホームページを見て、果物を買ってくださるお客さんが出てきました。それまでは昔の知人、さらにその知人というふうに人間関係のツテで広げていたんです。ネットでの直販がいいといってもホームページというのはすごい数がありますから、何か工夫しないとまったく見てもらえないということになります。このことも知っておいたほうがいいと思います」

果樹農家を始めて3年目にして、少し黒字が出たそうだ。それまでは毎年何10万円かのマイナスだったという。

「私は少なくとも基礎年金分以上は農業で儲けたいと思っています。つまり100万円儲かればいいと思うんです。最終目標は売り上げで300万円。半分は経費だと考えて150万円くらいの利益をめざしています」

シニアの就農ではあまり欲を出さずに、長く続けられることを第一義にして目標を考えるべきだということなのにちがいない。

元校長が創意工夫を重ねる栗と落花生の栽培

はやし農場　林雅広さん
岐阜県中津川市

教員を定年退職し家業の栗農家の道へ

「栗きんとん」で有名な岐阜県中津川市。その山合いにある「はやし農場」は、栗と落花生の生産と直接販売を行う農家だ。

事業主は林雅広さん。教員を定年退職後、家業の農家を継ぐ形で本格的に就農した。それから5年が経つ。

若い頃は「農家を継ぐなんて全く考えませんでした」と、林さんは言う。

理由は簡単だ。

「農業はえらいばかりで、とても生きがいを持てそうに見えなかったからです」

両親が真面目に仕事に打ち込んでい

るのに、苦労が報われない姿をずっと見てきたからだ。

農業に見向きもしなかった林さんの転機は両親の高齢化と妻の退職だった。体力の衰えた両親の介護のため、妻・啓子さんは障害者の施設を退職し、畑仕事を始めた。

当時、小学校の校長を務めていた林さんは「妻が生きがいの仕事を辞め、介護をしている上、妻に畑仕事までさせるのは申し訳ないと思い、私も土日には畑に出るようになっていました」

林さんの農業に対する心境に変化が訪れのは、この頃からだった。

「農作業をして、汗がだらだら出た体を水風呂で冷まして、大の字になって寝っ転がるときは最高です」

そして、関われば関わるほど「これは面白い」と思い始めた。「野菜の品種や栽培方法、土地の気候風土など、すべてが研究対象になる。農業は総合文化なんだと感じるようになりました」

定年の60歳まであと5年に迫り、定年後の人生をどうすべきか考えていた時期だった。

「私は定年を、人生のゴールだと考えたくなかった。人生をトライアスロンでたとえるなら、第1の競技は教員でした。しかし人生のゴールは、まだまだその先にある。次の競技は、農業に賭けてみようと思いました。だからこそ、余生の趣味ではなく事業として、食える農業を目指したんです」

退職した年に栗が収穫出来るように準備を始める

何を栽培するか、かなり考えた結果、素人でも努力次第ではできそうで、自分の家にもあり、周囲にも栽培農家が多い栗がいいと決めた林さん。

しかし、当時の農場の栗は手入れが行き届かず荒れていた。特に周辺は山に飲み込まれ、地面にはススキやイバラが生い茂り、足を踏み入れるのも困難であった。栗は虫栗が多く、栗虫の孵化場と化していた。

幸いなことに、栗林の再生事業に補助金が出ることがわかり、業者に依頼して「栗の木を根っこから掘り返して更地にし、そこに私たちが選んだ栗の苗木を植えました」

開墾した農地は90a、植樹した苗木は5年間で480本にものぼった。『桃栗3年柿8年』というが、実際に栗は4~5年育てないと収穫できないという。

問題は、どんな栗の木を植えるかだ。「そもそも、栗にどんな品種があるかもよく分からなかったんです」というほど、林さんは栗に関して知識がなかった。そこで、辛うじて残っていた栗畑から栗を採取したり、おいしいと聞いた栗を取り寄せたりして、甘みや渋み、粉質を家族で食べて候補を絞った。

こうして「渋皮がぽろっとむける」画期的な品種の『ぽろたん』、日本栗の代表的な品種である『丹沢』『筑波』など15品種を厳選。中でも、栗畑に残されていた『林2号』という品種には、「その美味しさに衝撃を受けた」と、林さんは語る。

「これは私の祖父が開発した品種でした。こんなに美味しいものを世に送り出した祖父のロマン、挑戦に励まされました」

栽培技術の習得にも難儀した。頼みの父親は病床にあり、教えてもらえなかったが、実は雅広さんよりも先に栗栽培の魅力に取りつかれたのは妻の啓子さんの方だった。すでに農協が主催する「栗新規栽培塾」に参加するなどして、ノウハウを吸収していたのだった。

「農業の先生は、妻でした」

その上、専門家に教えを請いに行ったり、近隣の栗農家が教えてくれることもあった。

「たとえば、成長した木は高さ3・5ｍ以下に剪定した方が良いということも教わりました。栗が小粒だったのはそういうことも知らないことが原因でした」

研究を重ね、「岐阜クリーン農法」に則って農薬の使用を極力抑え、牧場から提供してもらった有機肥料を使用するなど、安心・安全な栽培方法を推進した。

しかし、準備を進める中で致命的な問題が浮上してきた。それは、通常の流通ルートを通すと単価が非常に安く、「栗農家は全く割が合わない」という現実だった。

「市場に出したら１kg２００円ということもありました。１haの栗を栽培しても手元に残るのは１００万円程。これではとてもやってはいられません。相手が値段を決める業者への販売ではなく、直接消費者に販売する方法がいいと思うようになりました。また、少しでも単価を上げるには付加価値をつけなくてはならないと考えたのです」

氷温貯蔵の甘い栗で差別化に成功

付加価値ということでは思わぬところで道が開けた。焼き栗にすれば高単価になると聞き、取り組んだが売れ行きは不調だった。日本栗の焼き栗は天津甘栗より甘くないからだ。何とか甘くならないものかと試行錯誤する中で、砂糖水を栗に注射したこともあったという。

そんな中、「栗を冷蔵すると甘くなる」という記事に出合った。氷点下の環境で糖化酵素が働き、蓄積していたデンプンが糖に変わるというのだ。そのため、雪の下の環境を再現。冷蔵庫を導入して検証すると、10度程度だった糖度が、10日もすると20度に上がり、1カ月後には30度にまで上がった。とても甘くて美味しい栗が出来た。氷温協会から氷温食品「氷温熟成栗」として認定も受けた。和栗部門では日本で最初だった。

しかし、いくら美味しくても知名度はなく、販売は苦戦。

「このまま売れ残ったらどうしようと考えると、夜も眠れない程でした」

事態を打開するため、夫婦で「スイート中津川栗・あまろん」と名付けた栗の販路を探

し歩いたり、チラシを配布するなど地道な努力を重ねた。そして次第に「すごく甘い」「おいしい」という評判が立ち、リピーターが増えていった。

「ネット販売も贈答用に人気となり、3年目にして、やっと黒字化を達成しました」

その後は、毎年3トンの収量を完売。今では注文を断る場合もある程だ。しかし「今後、若木が育てば4トン、5トンの収量が見込めます」と、増産はすでに視野に入っている。

そして今、「もっとおいしい栗をつくれないかと、祖父のように実験しているところです」と、林さん。実現できるかどうかは分からないと言うが、「祖父がやり遂げたことだから、自分もやってみたいんですよ」

父の思いがこもった落花生栽培を再開

はやし農場のもう一つの柱は落花生だ。もともと林さんの両親は落花生の生産、加工、販売を中心にした農業を営んでいた。昭和20年頃から取り組みを始め、先進地、千葉県にも何度か訪れ、学び、落花生の加工機械も脱穀、脱皮、焙煎など一式取りそろえていた。ところが林さんは、そうした機械を全て破棄してしまった。

「栗よりはるかに難しくとてもやれそうになかったからです」

破棄した後に、

「落花生はないか。あなたの家で買った落花生の味が忘れられない」「退職したならもう一度落花生をやったらどうだ。いつから始めるのか」と度々訪ねてくる人たちがいたという。

試しに落花生栽培を始めたところ、「栗以上に面白いと思いました」と、再び研究の血が騒いだ。そして祖父が研究していた栗に続き、父が広めた落花生栽培の再開を決意。何年も前に処分してしまった落花生の加工機械を再び購入し、新たなチャレンジが始まった。

栗のシーズンは9月中旬から11月初旬までで、その後は落花生の収穫を行っている。品種は最高品種と言われる「千葉半立」だ。現在は20ａほどの農地で、年間４００Kgほどを生産。加工施設で、収穫したての落花生をゴロゴロと煎り機にかける。塩煎りの適度な塩味が香ばしくおいしいと好評で、こちらも在庫がなくなるほどの人気商品となっている。

「新しく農地を95ａ借りました。今の倍くらいは作るつもりです」

農業グループ「雨の日会」を結成

林さんの周りでは現在、定年後に農業を始めた仲間が集い、「雨の日会」という緩やかなグループを形成している。メンバーは教師や公務員の退職者を中心に10人前後。ここも「趣味ではなく、食べられる農業を志向している人」限定だ。

雨で農作業ができない日の午前中に集まり、情報交換をし合うのだという。ここで、落花生、新品種のコメ、原木きのこ、ニホンミツバチ、サツマイモの栽培など様々な構想が話し合われている。

新規就農に関して、林さんは、「家族の理解は絶対条件です」と、自身の経験を通してアドバイスする。そして、「定年後は目標の設定、目標実現のための計画、実行の管理は全て自分で行わなくはなりません。5年間の目標と計画が立てられるかどうかがポイントです。大きな目標を立てたら、その実現のための小さな目標を集めたアクションプログラムを作り、課題を時系列で明確にする。そこまでしないと、なんとなく時間は過ぎて行ってしまいますよ」

そこまで突き詰めるからこそ、農業は総合文化と言えるのだろう。親子3代にわたる農の物語。その陰には、緻密な計算と実行力があった。

いつか農業を変えたい！
若い日の思いがかたちになった 植物工場

株式会社グランパ 阿部隆昭さん
神奈川県横浜市

水耕栽培で育つレタス

神奈川県秦野市の畑の中に、小さな東京ドーム状の丸い構造物が林立している。施設の中に入ると、乱反射した太陽の光が眩しいものの、ほどなく水耕栽培のレタスが目に飛び込んでくる。ここは、夢の植物工場である。

開発、運営しているのは、神奈川県横浜市不老町に本社を置く株式会社グランパ。銀行マンだった阿部隆昭社長が起業した異色のベンチャーだ。東日本大震災後の陸前高田市でも、津波に襲われた跡地へ建設してメディアにも注目された。

プラントは生産効率がよく、天候や気象変動にも左右されない。そこには、儲かる農業、夢の「自給自足」に役立つ知恵が詰まっているようにも思える。長寿社会への対応や、深刻な農業後継者問題を打開する糸口になるかもしれない。そんな可能性さえ感じさせる。

独自に開発したドーム型ハウス

グランパのプラントは突破口になることをめざしている。若者、次世代が夢を持てないと、日本農業を支える次の担い手が育たない。今は気象の変動が大きく、通常の露地栽培だと、これまで当たり前に農作物を作っていた土地で同じものが作れないことさえ考えられる。おカネを持っていても、相手国が売ってくれない事態も想定しなければならない。自給自足できる農業の再構築が急務といっても言い過ぎではない。グランパには、それを支える技術とビジネスモデルがあると思えてくる。

鍵を握るのは、直径27mのエアドームだ。農家が導入して「植物工場」を経営する。直径20m、深さ8mの水耕栽培プラントは、動力で緩やかに回転し、生育が進むと作物が外側へ自動的に運ばれる。

収穫時には、外側に来るから作業は楽で、水耕・養液栽培のため連作障害もない。同時に次の苗を植えるので生産性も抜群。室内栽培は通年で収穫できる。温度管理は太陽光がベースだからコストも安く、安定した収入を得られるのが特徴だ。

　これなら、農家が生活設計を立てやすい。結婚し、子供を産み育て、住宅ローンも十二分に払えれば、若い世代も農業に夢を持てるにちがいない。とはいえ、農業には、自然と向き合い、土いじりをする楽しさもある。そこで阿部さんは、土地を耕す「露地モノ」の部分も残す。

「豊作ならボーナスと考えればいい。ドームは安いが、設備投資はやはりカネがかかる。農家に負担をかけたくない」

　植物工場は気象・気候に左右されないだけに、生産の安定性は高いし、新しい担い手を呼び込める要素もある。

健康長寿と「豊かさ」の制度設計

　グランパ提唱の植物工場は、農業を軸にして、日本に「豊かさ」を再構築できるのではないか、そんな思いが込められている。ビジネスを見通す眼力は誰にも負けない、阿部さんにはそんな自負が漂っている。異色の金融マンとして長年、磨いてきた感覚なのかもしれない。

年金受給者の中には月5~6万円しかもらえない人もいる。生活保護は12~16万円。逆転した状況は社会的な問題にまでなっている。

「生活保護は、それくらいないと生活できないという指標でしょ。年金では暮らせない。なのに、真面目に働いた人が月5~6万円で、生活保護が2~3倍というのは不公平ですよね」。阿部社長の表情が引き締まる。

阿部さんは、こんなプランをもっている。市町村などがエアドームの植物工場を作り、入札で民間のオペレーター、専門業者に託して儲かる農業を展開する。年金受給者のお年寄り、身障者、生活保護受給者などを雇うことを委託の条件にする。月10万円くらいで働いてもらえば、年金と合わせて15~16万円になるから暮らしていける。身体を動かすから健康にもいい。市区町村も生活保護費の負担が少しでも減れば、財政上助かることになる。

グランパの植物工場プラントは、収穫場所を低く設計してあるため、お年寄りでも車椅子でも比較的楽に収穫ができる。日本は世界有数の長寿国だが、平均寿命の80歳代に対して健康寿命は70歳代。その間には約10歳の開きがある。「この差を縮められたら、ある程度の〝豊かさ〟を実感できるのではないでしょうか。目指す理想は『健康長寿』です」

植物工場プラントの可能性はまだある。阿部さんは、確信をもってそう考えている。福祉施設などへの導入も考えられる。既に、名古屋の老人ホームとも提携したという。入所者のお年寄りは、自ら作った美味しい野菜を食べ、収益が施設の運営経費を助ける仕組み。全国展開をも視野に入れていると阿部さんは語る。

農業が解決できる課題は他にもある。大企業の抱える悩みは社員の「うつ」。農業はそれを解決する「癒し」効果を秘めていると阿部さんは考えている。グランパの陸前高田プラントでも、家族を失った人たちから「ここで働いていると心が落ち着く」という声が聞かれた。

「大企業が農場を作り、そこでうつの社員が働くと、多くの人が元気になりますよ。障害者が働ける職場のない企業も少なからずある。植物工場で働いてもらえばいい」

阿部さんの言葉が熱を帯びてくる。

若き日に目にした農業のすがた

新しい農業のビジネスモデルを作る―。阿部さんがそう決めたきっかけは若い頃の体験だった。阿部さんは青森県出身。友達の多くは農家の子どもだった。「不作で食っていけねえ」と語る親たち、それを聞いて大学進学を諦める仲間たち。18歳の時、農家の大変さを実感する。その後、阿部さんは大学を出て地元の青森銀行に就職した。支店を回り、本店では融資課長を6年務め、なかなか儲からない農業の実態を知る。思案が続く。

「他のやり方があるんじゃないか？　過保護過ぎないか？　補助金があってもなくても、台風に直撃されれば農家の所得はゼロ。儲からなくて、気象条件に左右されては次の担い手ができない。違うやり方があるはずだ」

そこは金融マン。事業を見る目を養ってきた。農家になるのでなく、農業を基本にした新たなビジネスモデルに関心がいく。「それが、日本を再び豊かにするはずだ」と。

46歳の時、ヨーロッパに転勤。2年間、デリバティブを担当しながら、週末は各地の農業を見て回った。

早期退職した阿部さんは、50代はじめから実弟の会社を手伝い、数千万円の資金を貯めて2004年、61歳で起業。最初の壁は農地取得の難しさだった。県と各市町村の連絡協議会で徹底的に議論する。神奈川県は条例が厳しいため、理解を得るのに2年かかったという。

ようやく許可を取り、秦野市に最初のプラントを建設する。最初はオランダ型、次にエアドームを作った。陸前高田などにもプラントを広げていく。2014年の売上はグループ全体で18億円。資本金も6億円を超すまでに成長した。とはいえ、満足はしていられない。目標は「1億2000万人の日本人が自給自足できる農業」と「日本の『豊かさ』再構築」なのだから。農業に小さな〝風穴〟を開ける阿部さんの努力が続く。

「必要なのは小さな意識改革です。地元農家から作物を買い足して売ったり、作業を2回転にして効率を上げることを、官公庁が認めるだけで事態は変わる。補助金をもらうルールはちゃんと守るのだから…。農家は喜ぶし、県は税金も増える。いいことばかりなんだから。それが積み重なれば仕組みが変わる。風穴を開ける問題意識の共有と仕組みが大事なんです」

阿部さんの思いはどこまでも熱い。

第6章

人生 90 年時代の定年就農、田園回帰

農業と生きがい

人生90年の時代である。60歳をすぎてから、どのように生きるのか。何よりも健康な身体で、その身体を動かし、生きがいをもって暮らすことができれば、どれほど楽しいことか。「農のある暮らし」ということばがある。農山村の自然のなかで、農耕という仕事をしながら、日々を暮らしていく。土を耕し、種をまき、苗を植え、水やりや草とりをして、収穫のときには喜ぶ。収穫物は自ら調理したり、加工したり、自ら販売する。また、鶏やヤギを飼い、牛や豚を飼い、卵やミルク、肉を生産する。「農」には、労働の成果が目の前に現われ、さまざまな工夫もかたちをもった結果として現われるという魅力がある。私たちは高度に発展した産業社会に暮らしているが、「農」の魅力を感じている人たちが多いのには、それだけの理由があるといえよう。

定年帰農、田園回帰ということばがよく聞かれるように、50代、60代の人たちで農山村に移住して農業をやりたいという人が増えている。

新たに農業をはじめた人たち（新規就農者）の就農した理由では、50代、60代以上では「農業が好き」「自然や動物が好き」「田舎暮らしが好き」といった自然・田舎志向が強い。60代以上では、安全・健康志向も強く、「時間が自由だから」という理由も多い。これは、30代、40代の人たちが経営志向を強くもっていることと対照的だ。

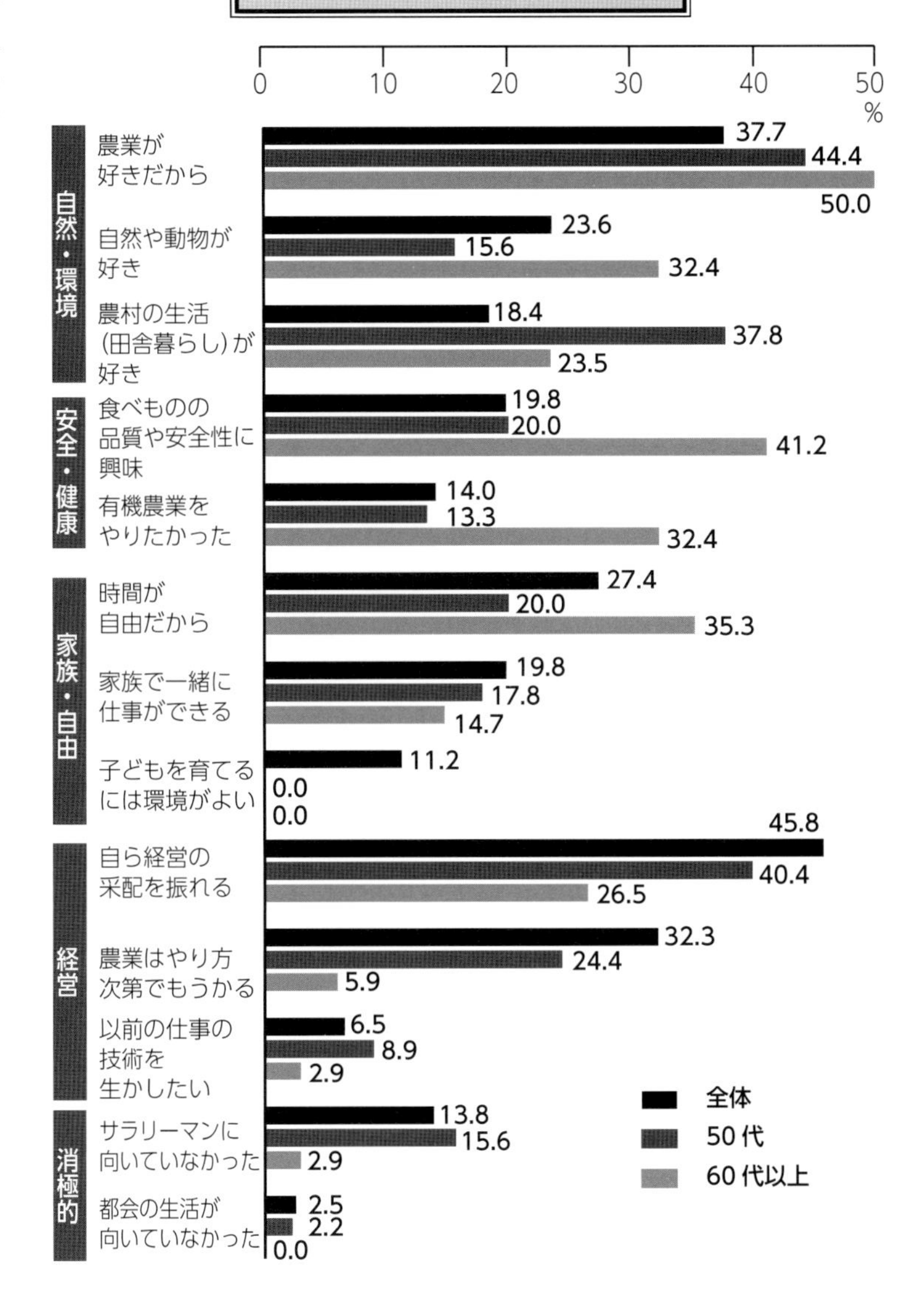

資料；全国新規就農相談センター（全国農業会議所）「新規就農者の就農実態に関する調査結果（平成25年度）」（2014年）より作成

定年帰農、田園回帰の中高年層は、自然に囲まれた農村で暮らしながら、好きな農業をして、第二の人生を自由な時間のなかで過ごしている。そこに生きがいがある。

農業は、人間にとって日々必要な食料を生産する生命産業である。同時に、農業は、環境を創造する産業である。農業は、自然の一部である土地を主要な生産手段にして、生物（植物、動物）の生命力・成長力を利用しながら、生産を行っている。農業は、自然と完全には切り離して行うことができない。

定年帰農、田園回帰の中高年層の「農のある暮らし」は、そうした農業の特性を楽しみながら、農村社会や文化を担う側面もあるといえるだろう。

就農の多様なかたち

農業を仕事にする場合、大別すると、①自営の農業に従事する、②農業法人などに就職して農業に従事するという2つに分かれる。

農林水産省「新規就農者実態調査」（2014年度）によると、学生または他に雇われて勤務していた人が「自営農業の仕事が主」になった新規自営農業就農者（自営就農）は4万6340人、独自に土地や資金を調達して農業経営を開始した新規参入者は3660人、新たに農業法人等に常雇いとして雇用され農業に従事している新規雇用就農者（雇用就農）は7650人である。このほか、新たに農業法人等に常雇いで雇用されたが農業（農作業）に従事していない農業法人等への就職者（法人就職）が3350人いる。

若い世代の人たち、とくに10代、20代では、農業法人等に雇用される人たちが多く、10代で雇用就農50%、法人就職12%、20代で雇用就農30%、法人就職13%である。若い世代ほど、農業法人等に就職する人が多い。自営就農者でもっとも多いのは、60代以上（2万5200人）で、自営就農者の54%を占めている。50代の自営就農者は7900人（17%）である。定年帰農、田園回帰を反映した結果である。60代以上の新規就農者等の93%は自営就農者である。

若い世代では、すぐに農業経営を始めるのではなく、農業研修を2年程度してから就農する人が増えている。これは、2012年度から青年就農給付金制度が新設されて、44歳以下で新規就農する予定の人は研修期間中（最長2年間）、青年就農給付金［準備型］（年間150万円）を受けられるようになったためである。

農業法人等に就職して従業員としての経験を積んでから、独立して農業経営を始める人もいる。農の雇用事業は、農業研修生が農業法人等と雇用契約をむすんで最長2年間、農業の実践的な研修を行う事業で、受け入れ農業法人に研修経費の一部が助成されている。

45歳以上の新規就農希望者でも、農業経験のない人は、農業研修を1～2年、道府県の農業大学校や農業法人等で行ってから就農する人が多い。

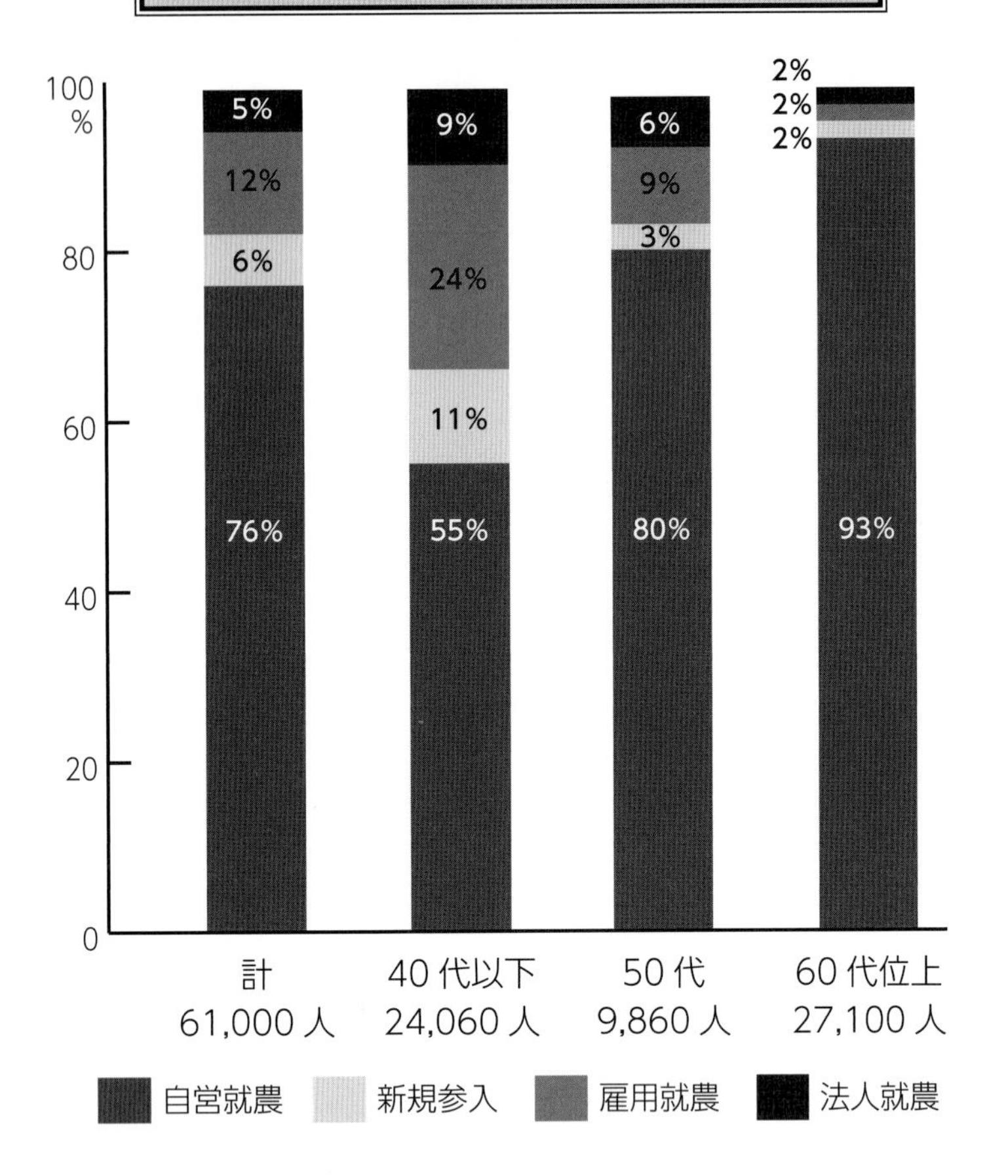

資料；農林水産省「新規就農者実態調査（平成 26 年度）」（2015 年）より作成
注
自営就農（新規自営農業就農者）は、学生または他に雇用された勤務から、自営農業の仕事が主になった者。
新規参入（新規参入者）は、独自に農地・資金を調達して農業経営を開始した者（一般企業が農業参入したものでは、その代表者１人を新規参入者１人として算入）。
雇用就農（新規雇用就農者）は、新たに農業法人等に常雇いとして雇用され農業（農作業）に従事している者。
法人就職は、新たに農業法人等に常雇いとして雇用されたが農業（農作業）には従事していない者。

農業を始めるための情報収集や相談について

農業を始める（就農する）といっても、本格的に農業経営をする、副業的に農業をする、家庭菜園程度で野菜などを自給するといった場合があり、それぞれ準備のしかたが違ってくる。本格的な農業でも、副業的な農業でも、農業を始めるには農地・資金・技術が必要となる。また、定年帰農などでは、Uターンなら住まいが確保されているが、出身地の近くにいくJターンやまったく住んだことのないところにいくIターンでは、住まいを確保しなければならない。

農業を始めるためには、どこで、どのような農業をするのかを考えながら、農業を始める場所で農地・住まいが確保できるか、資金を調達できるか、農業技術をどのように習得できるかといった情報を集めなければならない。

その情報の収集は、新規就農や移住などの相談といっしょにできる。新規就農や移住などの相談窓口は、「農家・農業志願」「田舎暮らし志願」の人たちのために農地や住まいの情報を集め、農業の研修場所や支援措置などを準備しているので活用をおすすめする。

【農業を始めるための相談窓口】

新たに農業を始めるための相談窓口には、新規就農相談センターがある。全国センターも都道府県センターも、新規就農希望者と農業法人等への就職希望者のための相談窓口を常設している。相談窓口は平日しか開いていないが、〈新・農業人フェア〉という名前で、新規就農希望者や農業法人等への就職希望者のためのフェアが、土曜か日曜に年6回ほど東京・大阪などで開かれ、全国センターも都道府県センターも出展して相談に応じている。

全国新規就農相談センターのホームページには、新規就農希望者や農業法人等への就職希望者のための情報が満載だ。

【移住・交流のための相談窓口】

移住などで「田舎暮らし」を希望する人たちのためには、2015年度から〈移住・交流情報ガーデン〉が東京・京橋に新設された。移住・交流希望者だけでなく、新規就農希望者のためにも、全国新規就農相談センターの相談員が常時出向して相談に応じている。

ホームページでは、一般社団法人移住交流推進機構（JOIN）が開設する〈全国移住ナビ〉が充実している。住まいや仕事、生活環境（病院・学校・公共施設等）、観光などの情報が、全国の自治体ごとに検索できる。〈全国移住ナビ〉は、〈移住・交流情報ガーデン〉でも閲覧できる。

移住などを希望する人たちのために、もうひとつの相談窓口〈NPO法人ふるさと回帰支援センター〉がある。県によっては相談員が常駐し、相談に応じている。

就農・就職などの相談窓口

■全国新規就農相談センター / 全国農業会議所

〒102-0084 東京都千代田区二番町９－８　中央労働基準協会ビル２Ｆ　TEL 03-6910-1133
http://www.nca.or.jp/Be-farmar/

都道府県新規就農相談センター
青年農業者等育成センターと農業会議とで構成

◇都道府県青年農業者等育成センター
青年就農給付金・就農支援資金などの相談窓口

◇都道府県農業会議
青年就農給付金などの相談窓口
農の雇用事業などの相談窓口
農業法人協会事務局を兼ねている県が多い

移住・交流などの相談窓口

■移住・交流情報ガーデン

〒104-0031 東京都中央区京橋１丁目 1-6 越前屋ビル１Ｆ　TEL 03-3548-8190
http://www.iju-navi.soum.go.jp/ijunavi/garden/
移住・交流のワンストップ支援・相談窓口

■全国移住ナビ：移住・交流推進機構 (JOIN) のホームページ

〒103-0027 東京都中央区日本橋 2-3-4 日本橋プラザビル 13 Ｆ　TEL 03-3510-6581
http://www.iju-navi.soumu.go.jp/ijunavi/
全国の自治体の住まい・仕事・生活環境などの情報を掲載
移住・交流情報ガーデンでも閲覧できる

■ふるさと回帰支援センター

〒100-0006 東京都千代田区有楽町 2-10-1 東京交通会館５・６Ｆ　TEL 03-6273-4401
http://www.furusatokaiki.net/
道府県の移住・交流相談窓口を常設

大阪ふるさと暮らし情報センター

〒540-0029 大阪市中央区本町橋 2-31 シティプラザ大阪１Ｆ　TEL 06-4790-3000
http://www.osaka-furusato.com/

家族との相談と暮らしの設計

農業の魅力のひとつに、夫婦、家族がいっしょに仕事ができることがある。農業を始めたい、農業を始めるために農村に移住したいと考えたら、夫婦で相談したり、家族と一緒に十分話し合うことが大切だ。

農業を始める場所（就農先）が決まったら、夫婦、家族と一緒に現地を訪ねることをおすすめする。借りることができそうな農地（水田・畑）がどのような場所にあり、現況はどうか、住まいは確保できそうかなどを確かめる。子どもがいる場合は小中学校や高校の場所、病院など医療施設の場所など、生活環境についても確認しておくことが大事である。〈全国移住ナビ〉などで各自治体の生活環境・交通網などを確かめることはできるが、現地を訪れて実際に自分たちの目で見ておくことが必要である。

農業経験のない人は、農業を始める前に少なくとも1～2年の農業研修期間が必要になる。青年就農給付金［準備型］の対象になる40代前半までの人たちは、道府県の農業大学校などでの研修期間中に給付金をもらうことができるが、40代後半以上の人たちは農業研修の計画、研修中から就農後までの暮らしの計画をしっかり立てておく必要がある。農業大学校には中高年向けの短期コースがあるが、農業法人や先進農家などでの実践的な研修をおすすめしたい。

農業体験・研修・技術習得のしかた

農業体験のまったくない人は、ごく短期の農業研修を受け、農業体験することから始めるとよい。全国新規就農相談センターは、農業の専修学校の日本農業実践学園（茨城県水戸市内原町）の協力で、月曜から金曜までの5日間の農業研修を実施している。1カ月、3カ月などのコースもあるので、全国新規就農相談センターに相談するとよい。

ごく小さな面積で家庭菜園のような農のある暮らしをしようとする人には、市民農園・体験農園をおすすめする。市民農園には日帰り型と滞在型があり、都市と農村とを行ったり来たりして「農のある暮らし」ができる。市民農園の事例や一覧は、農林水産省のホームページ（http://www.maff.go.jp/j/nousin/nougyou/simin_noen/）が参考になる。

東京・練馬区などには農家の開設した体験農園がある。プロの農家が、野菜の苗づくりから栽培方法などを指導してくれる。体験農園での野菜づくりから始めて、農村に移住したり、新規就農した人たちもいる。

農業研修・農業技術の習得は、青年就農給付金制度の下で、44歳以下で就農を予定している若い人たちを対象にして、道府県の農業大学校などの農業研修施設で主に行われている。そのため、50代、60代の人たちの農業研修の場は限られている。しかし、都道府県新規就農相談センターは、青年就農給付金の相談窓口であり、農業大学校など農業研修施設と連携しているため、農業大学校などが開設している短期の農業研修コースを中高年の人たちにも紹介してくれる。45歳から65歳の人も、市町村長が就農計画を認定する〈認定〈新規〉就農者〉になることができ、農地の斡旋などを受けられる。都道府県新規就農相談センターを相談窓口として利用することをおすすめしたい。

中高年の人たちの農業研修・農業技術習得は、農業法人や先進農家などでの実践的な研修が役立つ。都道府県農業会議は、農の雇用事業の相談窓口であり、農業法人とのつながりをもっているので、農業会議で相談するとよい。

農業法人や先進農家などで農業研修をした場合は、農業経営を始めた後も〈お師匠さん〉として教えを請うことができる。就農先の地域でなんのつてもない人は、とくに農業法人や先進農家などでの農業研修を考えたほうがいい。

副業的な農業でも、本格的な農業でも、1～2年、農業を体験しながら技術習得することが必要である。就農後、移住後の暮らしに大いに役立つはずだ。

第７章

農業を始めるための準備

農業のさまざまなかたち

〈農業〉といっても、さまざまなかたちがある。農業は、耕種農業と畜産とに大きく分けることができる。

耕種農業は、その文字のとおり、土地を耕して、種をまき、作物―コメ・ムギなどの穀物類、豆類、いも類、さまざまな野菜類などを育てる農業である。果物は木に成るものが多いが、広い意味での耕種農業に入っている。

畜産は、牛、豚、鶏などを飼い、牛乳・乳製品、食肉類、卵などの畜産物を生産する農業である。有畜農業ということばがあるように、耕種農業と畜産を結びつけて行う方法があるが、近代的な畜産経営は、酪農、肉用牛生産、養豚、養鶏（採卵養鶏、ブロイラー養鶏）ごとに専門化した経営が一般的である。

同じ耕種農業でも、化学合成農薬・化学肥料を使用する通常の栽培と、農薬・化学肥料の使用量を減らす減農薬・減化学肥料栽培、農薬・化学肥料をまったく使用しない有機農業がある。

減農薬・減化学肥料栽培と有機農業は、環境保全型農業と呼ばれている。有機農業の場合、3年以上、化学合成農薬と化学肥料をまったく使用していない田畑で栽培され、第三者機関が認証したものでなければ、〈有機農産物〉と表示できない。

新規参入就農者の場合、いちばん多いのは、野菜の栽培である。野菜や花の栽培は労働集約的で、小さな面積の土地でもある程度の収入が得られるためである。野菜の栽培では、畑で栽培する露地栽培と、ビニールハウスなどの温室で栽培する施設栽培がある。施設栽培では、ビニールハウスなどの建設費や暖房費などの光熱費がかかる。

中高年の人たちに多い自給的な農業では、家族が食べるだけのコメを水田で作り、さまざまな野菜を畑で作り、鶏を飼って卵を産ませる、（ある場合にはヤギを飼ってミルクを搾る）といった農業である。副業的な農業でも、野菜を中心にした栽培が多い。

農業で生計をたてる場合は、野菜作でもある程度の面積の農地（田や畑）が必要になる。穫れた野菜などを商品として売るためには、栽培技術を身につけていなければ農業経営ができない。

また、穫れた野菜などをどのようにして販売するのかも考えておく必要がある。

どんな農業を始めるかをよく考える

50代や60代の人は、本格的に農業をするのか、それとも副業として農業をするのか、自分たちが食べる野菜やコメなどを自給すればいいのか―をよく考える必要がある。

趣味の農業や自給の農業の場合は、農地（田や畑）の面積はそれほど大きくは必要ない。

本格的に農業を営んで生計をたてていこうとすると、それ相応の面積の農地が必要になってくる。

その場合、どんな作物を栽培するのか、どんな家畜を飼うのか―などをよく考えておくことが大切である。

農業を始めるためには、農地（田や畑）、資金、技術（作物を栽培する技術、家畜を飼う技術）、農村に移住して農業を始めるためには、加えて住居が必要になる。

どんな作物を作るのかによって、必要とする農地の面積や、営農のための資金額、栽培技術が違ってくる。本格的な農業をこころざす場合は、自分が作ろうとする作物に応じて必要な農地の面積、資金額などを前もって計画しておくことが大切になる。

化学肥料や化学合成農薬を使うのか、使うとしても農薬や化学肥料の使用量を減らすのか、それとも有機農業で農薬や化学肥料をまったく使わないのか、によって身につける技術は異なってくる。家畜を飼う場合、牛や豚、鶏では飼い方もエサも違ってくる。

野菜作の場合、施設栽培ではそれほど大きな面積の農地は必要ないが、露地栽培の野菜では、施設栽培よりも農地の面積が多くなってくる。

コメ・ムギ・豆類などでは、大きい面積の農地で機械を使って農業をするほうが経済効率がよい。その分、機械の購入代金など初期投資のための資金額が大きくなる。

酪農・畜産では、牛や豚・鶏などの購入代金や畜舎の建設などで初期投資額が大きくなる。

とくに酪農では、牧草地や飼料作物作付け地など、大きな面積の農用地が必要になる。新規就農で成功する秘訣は、自分のやりたい農業の姿をはっきりと思い描いておくことだ。野菜作でいえば、施設栽培か露地栽培か、農薬・化学肥料を使う通常の栽培か減農薬・減化学肥料栽培か有機栽培か、本格的な農業経営か副業的か自給の農業か、ひとつの種類だけつくる単作経営か種類をいくつもつくる多品目少量の経営か、野菜のほか自然養鶏を組み合わせた複合的な経営か——などである。果物をつくる場合も同様だ。

情報収集・就農相談や農業体験・研修などを通じて、自分のやりたい農業をみつけだすことが大事である。

就農の計画を立てる

44歳以下で農業を始める予定の若い人は、まず「研修計画」を知事に認定してもらい農業大学校などでの研修期間中の最長2年間、青年就農給付金［準備型］（年間150万円）の給付を受けることができる。44歳以下で就農する場合は、「就農計画」を市町村長に認定してもらい〈認定新規就農者〉となり、就農時から経営が定着するまで最長5年間、青年就農給付金［経営開始型］（年間150万円）の給付を受けることができる。

45歳以上で農業をはじめる人は、この青年就農給付金の給付対象になれない。しかし、

45歳から65歳で農業を始める人でも、技術や能力があると認められれば、「就農計画」を市町村長に認定してもらい〈認定新規就農者〉になることができる。〈認定新規就農者〉は、ムギ・大豆などの所得を補てんする畑作物の直接支払い交付金やコメ・ムギ・大豆などの収入減少時に補てんを受けられる収入減少影響緩和対策の対象になることができ、農地利用を集積する「農業担い手」として農地の借り手・買い手に位置づけられる。

本格的な農業経営をこころざす人は、45〜65歳でも「就農計画」を立てて、市町村長に認定してもらうほうが良い。

新規就農相談センターは、全国センターでも都道府県センターでも、農業大学校や農業法人などの農業研修先や就農候補地などの相談に応じてくれる。相談を通じて、自分の思い描く農業の姿を固めながら、「就農計画」を立てていくことが大切だ。

「就農計画」には、就農先、経営作目、取得可能な経営農地面積、経営定着までの経営計画などを盛り込んでいく。作物ごとに必要とする農地面積は違ってくる。新規参入就農の先輩たちの就農1年目の農地面積、借入れ面積を目安にするといいだろう。

就農１年目の農地面積・借入れ面積

	農地面積 A（単位：a)	借入れ面積 B（単位：a)	借入れ割合 B/A（単位：%）
新規参入者・都府県計	83	77	93.0
就農時の年齢			
50代	51	38	75.2
60代	70	49	69.9
販売金額第１位の作目			
米・麦・豆類等	169	155	91.9
露地野菜	74	71	96.0
施設野菜	47	43	90.5
花き・花木	56	40	71.9
果　樹	55	46	83.7
酪　農	3460	2329	67.3
その他畜産	254	146	57.6

資料；全国新規就農相談センターの「調査結果（平成25年度）」より
注）１a（アール）は、100㎡。

新規就農で成功する秘訣

新規参入就農者の場合、4つのハードルがある。第1に、農地の確保。第2に、資金の確保。第3に、農業技術の習得。第4に、住まい（住居）の確保である。

前述したように、44歳以下の若い人たちには、国の手厚い新規就農対策が実施されている。しかし、50代、60代以上の人たち、とくに新規参入（Iターン）で農業を始めようとする人たちにとっては、ハードルが高いのが現実である。

農業技術の習得では、農業大学校などで短期間の農業研修を行うことができる。農業大学校のうち、山梨県と愛知県の農業大学校、また茨城県にある日本農業実践学園は、雇用保険制度の能力開発事業の実施機関となっており、雇用保険の支給を受けながら農業研修を受けることができる。農業法人などでの実践的な農業研修では、雇用されたかたちで研修を受ける農の雇用事業があるが、若い人たちが優先されている。しかし、40代・50代でも対象になる場合があり、新規就農相談センターに相談するといいだろう。

農地の借入れ、資金の借入れでは、前述した〈認定新規就農者〉が優先されている。ただし、市町村によっては、農山村への移住希望者を積極的に受け入れているので、新規就農相談センター、移住・交流情報ガーデンやふるさと回帰支援センターの相談窓口を利用して、情報を収集することをおすすめしたい。

移住・交流情報ガーデン、全国移住ナビでは、仕事や住まい、生活環境などの情報が全国の自治体ごとに入手できる。とくに住まい（住居）の情報は充実している。就農希望地・移住希望地が決まったら、これらの情報を利用すると良い。

農地の情報は、全国農業会議所のホームページに自治体ごとに掲載されている。

ただし、住まい（住居）や農地の情報が得られたといっても、必ず現地に出向いて、自分の目で確かめることが重要である。

新規就農で成功する秘訣は、次のようなことである。

その1〈就農前の研修はみっちりと〉 就農後に農業所得で生活費がまかなえ、農業経営が成り立っている人の割合は、就農前の農業研修で農業経営の全体的な知識を習得できた人が高くなっている。

その2〈経営規模はあまり大きくなく〉 就農当初から大面積の農地を買い入れたり借り入れたりするのでなく、あまり大きくない経営規模で、野菜栽培であれば複数の品目に取り組み、経営リスクを分散する等の工夫が必要である。

その3〈機械・施設の装備は必要最小限に〉 無理な初期投資を控えるほうが良い。

その4〈資金の借入れはなるべく少なく〉 借入額を少なく、計画的な返済を心がける。

就農先・移住先の決め方

農山村に住まいを移して農業を始めることは、人生の大きな転機となる。熟慮を重ねること、家族みんなで話し合った上で決めることが大切だ。

農山村に移住する場合は、第1に、その土地の気候や風土が自分たちに合っているかどうかを見極めることが大事である。風土というのは、その地域ならではの人情や文化などが含まれているからである。その土地の人情、住人の気質などは、生活していく上で重要な要素になる。定年帰農などでUターンする場合はさほど気にならないが、新規参入（Iターン）などの場合は、その土地の風土や文化が自分たちに合うかどうかは生活を続けていく上で大きな要素になる。

もちろん、その土地に移住することは、その土地の住人の一員になることでもある。その土地の風土や文化をかたちづくっていく住人の一員になるという自覚も大切だ。

第2に、家族いっしょに移住する場合、子どもたちのための小中学校・高校などが近くにあるかどうか、医療施設の位置はどうか等をあらかじめ確かめておくことが重要である。とくに60代以上の移住の場合、医療施設の位置や高齢者福祉施設の所在などを確かめておく必要がある。日用品や食料などの買い物場所も確かめることが大事だ。

第3に、新規就農する場合は、農地を借り入れたり買い入れたりすることができるかどうかが絶対条件になる。

同じ農地（田や畑、果樹園など）であっても、自分の作りたい作物に適している農地であることを確かめなければならない。低湿田では、野菜を作るのが無理だったりする。作りたい野菜に適していない畑であることも往々にしてある。ブドウを作りたいと思っても、ブドウ園が借りられなければ、苗木を植えることから始めなければならない。

就農先を決めるときは、その地域が自分の作りたい作物の産地であるかどうかが最初の選定条件になる。たとえば自分の作りたいトマトやピーマン、リンゴやミカン、ブドウの産地であれば、栽培技術も確立しているし、販売ルートもできあがっている。

産地として確立している地域では、作物を栽培する技術の研修先があることから、そこで就農候補地を決めていく場合もある。

第4に、住まいを確保できるかどうかである。全国移住ナビなどで、全国の自治体の住まいの情報が手に入るようになった。

住まいの確保は、農地の確保も同じだが、必ず現地を訪れて、できれば家族みんなで、確かめておくことが大切である。

何よりも就農や移住を歓迎してくれる地域を就農先・移住先に選ぶべきだろう。

農地を探す方法

農地の情報は、全国農業会議所・全国新規就農相談センターのホームページの「農地を探す」（全国農地ナビ https://www.alis-ac.jp/）から得ることができる。これは、農地法にもとづく業務を行っている市町村農業委員会・都道府県農業会議の情報を集めたものである。

しかし、この情報だけを頼りにして農地を探すと、大きな間違いを起こすことになる。農地は、農業生産をするために必要不可欠な生産手段である。農業生産は、自然の一部である土地を生産手段として、その上に生物（植物・動物）の生命力・成長力を利用して、行われている。そのため、農業生産は、工業生産と違って、自然の中でしか行うことができない。高度に発展した産業社会である現代においても、また、人間の科学力をしても、農業生産を自然と完全に切り離して行うことができない。同時に、農地は農業生産活動を通じて農地として維持される。農地を農地として利用しながら農地として保全し、保全しながら利用するということになる。農地は、いったん荒廃させてしまうと、復元するためには費用と時間がかかる。また、農業生産が自然環境を壊してしまうと、農業が拠って立つ生産力の基盤を壊してしまうことになる。

農地法の２００９年大改正によって、市町村の農業委員会の許可を得れば、農地は誰でも借りられる仕組みになった。しかし、農地を荒らすなど「不適正な利用」をすれば、直ちに返還することが義務づけられている。

農地は、その所在する地域と切り離してとらえることができない。そのため、農地の所在する都道府県の新規就農相談センター（農業会議）や市町村の農業委員会を訪ねて、相談しながら農地の情報を集めることをおすすめしたい。

農業委員会などの相談窓口では、農地を「適正に利用する」意欲と能力があることを示す必要がある。これは、何もむずかしいことではなく、

①農業の経験や研修経験があり、農業ができること、

②農機具をもっているか、そろえる予定があること——などである。

農地を選ぶためには、現地を訪ねて、現状を確認してから、慎重に判断する必要がある。希望する農業経営にとって必要な面積があるかどうかも確認点のひとつである。野菜栽培では、比較的少ない面積の農地（畑）でも十分である。とくに野菜の施設栽培などでは、10a（1000㎡）程度が必要最小限の目安になる。その上で、農道の整備状況、日照の条件、土壌の条件、水利条件などをチェックして確認する。有機農業をする場合は、その土地で化学合成農薬や化学肥料が使われていたかどうかをチェックすることが大事である。

農地を借りたり買ったりする方法

農地法が２００９年に大改正され、誰でも農地を借りることができる仕組みになった。といっても、耕作する目的で農地を借りたり買ったりする場合は、農業委員会の許可が必要である。通常は、農地の貸し手と借り手、売り手と買い手が協力して農業委員会に申請し、許可の手続きをする。（詳しくは、農林水産省ＨＰで）。

個人（自然人）が耕作目的で農地を借りたり買ったりする（農地を取得する）場合、４つの要件をすべて満たしていなければ、農業委員会の許可を得ることができない。

①**農地のすべてを効率的に利用すること**――機械や労働力等を適切に利用するための営農計画をもち、農地のすべてを効率的に利用すること。

②**必要な農作業に常時従事すること**――農地の権利を取得する者（借りたり買ったりする者）が、必要な農作業に常時従事すること（常時従事とは、原則、年間１５０日以上従事することである）。

③**一定の面積を経営すること**――農地の権利を取得した後の農地面積の合計が、都府県では原則50ａ（５０００㎡）以上、北海道では2ha（２万㎡）以上であること。これを取得下限面積というが、取得下限面積は、地域の実情に応じて、農業委員会が10ａ単位で最小10ａまで引き下げることができるようになった。

④周辺の農地利用に支障がないこと――水利組合に入らず水利調整に参加しなかったり、無農薬栽培をしている地域のなかで農薬を使用したりする等の行為をしないこと。

以上のような4つの要件がすべて満たされていなければ、農業委員会はその農地の貸借・売買に対して許可しないことになっている。農業委員会の許可がなければ、その農地の貸借や売買は法律上の効力をもたない。その農地を買って所有権を取得したとしても、その所有権は「仮登記」しかできない。

個人が農地を取得する場合の要件

農業委員会等は、以下の要件をすべて満たした場合に限り許可。

1. 農地のすべてを効率的に利用すること
   機械や労働力等を適切に利用するための営農計画をもっていること

2. 必要な農作業に常時従事すること
   農地の取得者が、必要な農作業に常時従事すること
   (原則、年間 150 日以上)

3. 一定の面積を経営すること
   農地取得後の農地面積の合計が、原則 50 a (北海道は 2ha) 以上であること
   ※この面積は、地域の実情に応じて、農業委員会が最小 10 a まで引き下げることができる

4. 周辺の農地利用に支障がないこと
   水利調整に参加しない、無農薬栽培の取組みが行われている地域で農薬を使用するなどの行為をしないことなど

一般の法人が農地を借りる場合

一般の株式会社などの企業やＮＰＯ法人なども、農地を借りて農業をすることができる（農地リース方式）。

こうした一般の法人が農地を借りる場合も、個人が耕作目的で農地を借りるときの要件のうち、①農地のすべてを効率的に利用すること、③一定の面積を経営すること、④周辺の農地利用に支障がないこと――という要件を満たしていなければならない。

その上で、

（1）貸借契約に、農地を適正に利用しない場合に契約を解除するとの解除条件が付されていること、

（2）地域における適切な役割分担のもとに農業を行うこと（役割分担とは、集落での話し合いへの参加、農道や水路の維持活動への参画など）、

（3）法人の役員もしくは代表的な使用人の1人以上が農業（耕作および養畜の事業）に従事すること――という要件を満たしている必要がある。

農地を所有できる法人（農地所有適格法人）

一般の株式会社やＮＰＯ法人などは、農地を借りることができても、農地を所有すること（買い入れて所有権をもつこと）ができない。

農地を所有することのできる「農地所有適格法人」（農地法２０１５年改正前は「農業生産法人」の名称）は、次の４つの要件を満たしていなければならない。

●法人形態［株式会社（公開会社でないもの）、農事組合法人、合資・合名・合同会社、特例有限会社］（ＮＰＯ法人は、農地を借りることはできるが、農地を所有できない）

●事業内容［主たる事業（売上高の過半）が農業（農産物の加工・販売などの関連事業を含む）であること］

●構成員［農業関係者が総議決権の２分の１以上を占めること］（農業以外の者は２分の１未満）

●役員［役員もしくは代表的な使用人の１人以上が農業（耕作および養畜の事業）に従事すること］

農地を借りて支払う借地料は、農業の経営に必要な経費として認められるが、農地の購入代金は、資産を取得したものとして、農業経営の必要経費には認められない。経営の採算上からみれば、農地を借りて農業を経営するほうが合理的である。

住居の探しかた、選びかた

定年帰農のように、ふるさとの家に帰る場合は、住居の心配はない。しかし、新規参入（Ｉターン）で就農する場合や農山村に移住する場合は、住居を確保する必要がある。

住居の情報は、〈全国移住ナビ〉(http://www.iju-navi.soum.go.jp/ijunavi/)の〈住まい〉に自治体が集めた情報と民間の情報が掲載されている。移住のための相談窓口が併載され、〈仕事〉の情報も掲載されている。農地の情報と同じく、住居の情報も必ず現地を訪ねて確認することが大事である。

新規就農者が就農時に住居を確保した方法（全国新規就農相談センター調査結果）は、農家や農家以外の空き家を借りた（22％）、買った（10％）が多く、民間賃貸住宅を借りた（14％）、公営賃貸住宅を借りた（８％）場合もある。新築（４％）は少ない。最近は、実家（23％）や配偶者の実家（８％）というＵターンでの新規参入の就農も多い。

空き家を借りたり、買ったりする場合は、半分以上の人が「修繕が必要だった」と回答している。現地を訪ねて、どのくらいの修繕が必要か確認する必要がある。また、空き家を借りる場合には、仏壇などはそのままにしておいてほしい、といった注文がつくときもある。

新築の場合、建築基準法の許可が必要だが、それ以前に、農地に住宅を建てるときには、借り入れた農地はもちろん、自分が所有している農地であっても、農地を住宅用地に転用する（使用目的を変更する）ことの許可を得なければならない。許可を得ずに農地を無断で住宅用地などに転用すると、農地法にもとづき刑事罰の対象になる。農地転用の手続きは、農業委員会を通じて知事などに転用許可を申請する。

山林に住宅を建てるときも、開発許可が必要になる。都市計画区域の市街化調整区域の中にある農地には、原則、住宅など建築物を建てることができない。農業振興地域の農用地区域内にある農地にも、原則、住宅など建築物を建てることが許可されない。

住宅だけでなく、農産物の販売施設や加工施設などの建築物を農地に建てる場合も、農地法による転用の許可を得なければならないので、注意する必要がある。

農村地域で暮らすということ

新しく農業を始めるときは、農村に移り住んで農村社会の一員として暮らすことになる。そのため、農村という地域社会を理解しておく必要がある。

農村は、農業生産の場であり、生活の場でもある。農業用水路や農道等の補修など、共同利用・管理のための共同作業に参加したり、お祭りなどの伝統行事に参加したりと、農村地域社会での人々の付き合いは都市にくらべて濃密である。農村地域社会にとけこみ、地域の人たちと親しく付き合うことが求められる。

若くして新規参入して農業を始めたという先輩たちに秘訣を聞くと、道で出会った人にはこちらから先にあいさつすること（こちらは知らなくても、相手は新参者だと知っている）。地域の集まりには必ず顔を出して、飲み会でも必ず最後まで残って付き合うという姿勢が大切だと語っている。

地元の農家の人たちと積極的に付き合い、地域の中に、農業のことだけでなく農村社会の付き合いなどで何でも相談できる相手をつくることも心がけたいことである。

農業を行う環境・条件はもちろんだが、就農前から、地域の生活環境・条件をよくみておくことが大事になる。夫婦で農村に移り住む場合、医療機関や福祉関連施設の有無や、中高年のための施設の有無などを確かめておく必要がある。

農業所得だけで生活を成り立たせるのが不十分な場合は、アルバイト先があるかどうかも確かめておく必要がある。専業的農家というだけでなく、副業的な農家という暮らし方もある。

サラリーマンをやめて新しく農業を始める人は、特に初年度、注意しておくことがある。サラリーマンのときは、所得税や住民税（都道府県民税・市町村民税）・健康保険料などが給与から一括して差し引かれていた。しかし、農業は自営業のため、所得税の確定申告をしたり、国民健康保険に加入手続きをしなければならない。これらのうち、住民税と国民健康保険料（健康保険税）は、税額が前年度の所得を基準にして算定されるため、予想以上に高い金額になる。脱サラ1年目は注意する必要がある。

都会暮らしの長かった人は、農村社会の付き合いがわずらわしく感じることがあるかもしれない。しかし、地域の人たちとの付き合いの中で、お祭りに参加したり用水路や農道の補修に参加したりすることで、少しずつ農村社会にとけこんで農村暮らしの良さを感じていけるはずである。

農産物の販売方法

農業経営は、農業生産事業が基本だが、生産した農産物を販売し、販売代金を回収して、はじめて収入を得ることができる。販売収入から、それまでに使った生産資材などの経費を支払って（投下した資本を差し引いて）、残った金額が所得になる。

農業は自営業であり、農産物を生産するだけでなく、生産物を販売しなければ、生産するために働いた労働の価値が実現されない。

「自給自足」という考え方がある。しかし、私たちは商品経済の中で生活しているのだから、完全な「自給自足」はできない。エネルギーも自給できる時代だが光熱費や電話料金などは現金で出ていき、子どもがいれば教育費は現金払いである。生産した農産物を販売しなければ、経営も生活も成り立たない。農業経営の中で販売を考えること、農産物の販売のしかたを考えることが大切だ。

農産物を販売するためには、いろいろな方法がある。

◆市場や農協を通しての販売

野菜・果物といった青果物には、東京・大阪などに中央卸売市場、地方には地方卸売市場がある。都市近郊の野菜生産農家などは、卸売市場に直接販売している例もある。

遠隔地の野菜・果物産地では、農協（ＪＡ）が農家から委託を受け中央卸売市場や量販店チェーンなどに販売している。

市場や農協を通した販売では、卸売市場の代金決済機能、農協の共同販売活動によって、販売代金は生産農家名義の農協預金口座に振り込まれる。

◆農産物の直接販売

新規参入の就農者では、一般の農家よりも、農産物を消費者などに直接販売する例が多い。有機野菜などでは、消費者などの会員を募り、宅配便などを利用して配達する例も多い。宅配便利用の場合、梱包などにかかる労働力や経費を計算に入れておく必要がある。

直接販売では、消費者への販売だけでなく、ある程度の量がまとまれば、卸売・小売業者や生活協同組合、また食品加工業者や料理店・外食産業などに販売する方法がある。その場合、販売代金を回収する方法や販売促進活動などを考えておく必要がある。

◆農産物直売所を利用する

都市近郊では、畑の隅に野菜などの直売スタンドを設けて販売する方法もある。

最近は、地域内生産・地域内消費（地産地消）ということもあり、農協などが地域農産物の直売施設を運営する例が増えている。農協などの運営の場合、地域の生産農家が生産出荷組合を組織しているので、そうした組合に参加する必要がある。

◆農産物を加工して販売する

農産物を原材料として販売するだけでなく、加工して付加価値を加えて販売する方法がある。加工食品を販売する場合は、食品衛生法などの規則があるので、保健所の許可を得る必要がある。

◆もぎとり農園・体験農園・観光農園を経営する

果物などでは、もぎとり農園や体験農園、観光農園として経営する方法がある。市場出荷・直接販売に必要な収穫作業が必要ないというメリットがある。

◆農家レストラン、農家民宿を経営する

自家生産の野菜など農産物を原材料に使って、手づくり料理を食べてもらう農家レストランや農家民宿を経営する方法もある。レストランや農家民宿の開設には食品衛生法などの規則があるので、保健所などの許可を得る必要がある。

以上のように、農業経営といってもさまざまな方法があり、農産物の販売のしかたもさまざまにある。農業は、総合的な事業であり、そのため農業経営にはさまざまな創意工夫が必要とされる。それだけに、農業は、魅力ある産業といえる。

就農・移住のための資料

■都道府県新規就農相談センター

都道府県農業会議・都道府県青年農業者等育成センター

■農業大学校などの農業研修施設

全国型教育機関・道府県教育機関

■道府県Ｉ・Ｊ・Ｕターン就職情報等提供・相談窓口

地元に設置されているＩ・Ｊ・Ｕターン定住・相談窓口
道府県Ｉ・Ｊ・Ｕターン就職情報等提供・相談窓口

都道府県新規就農相談センター

都道府県青年農業者等育成センター

(公財)北海道農業公社 011-271-2255	(北海道農業担い手育成センター) 〒060-0005 札幌市中央区北5条西6-1-23　北海道通信ビル6F
(公社)あおもり農林業支援センター 017-773-3131	〒030-0801 青森市新町 2-4-1 青森県共同ビル内
(公社)岩手県農業公社 019-623-9390	〒020-0884 盛岡市神明町 7-5 パルソビル 3F
(公社)みやぎ農業振興公社 022-275-9191	〒981-0914 仙台市青葉区堤通雨宮町 4-17 宮城県仙台合同庁舎内
(公社)秋田県農業公社 018-893-6211	〒010-0951 秋田市山王 4-1-2 秋田地方総合庁舎内
(公財)やまがた農業支援センター 023-641-1117	〒990-0041 山形市緑町 1-9-30 緑町会館 6F
(公財)福島県農業振興公社青年農業者等育成センター 024-521-9848	〒960-8681 福島市中町 8-2 福島県自治会 8F
(公財)茨城県農林振興公社 029-239-7131	〒311-4203 水戸市上国井町 3118-1
(公財)栃木県農業振興公社 028-648-9515	〒320-0047 宇都宮市一の沢 2-2-13 とちぎアグリプラザ内
(公財)群馬県農業公社 027-251-1220	〒371-0852 前橋市総社町総社 2326-2
(公社)埼玉県農林公社 048-558-3555	〒361-0013 行田市真名板 1975-1
(公社)千葉県園芸協会 043-223-3005	〒260-8667 千葉市中央区市場町 1-1 県庁南庁舎 9F
(公財)東京都農林水産振興財団 042-528-1357	〒190-0013 立川市富士見町 3-8-1
神奈川県農業技術センターかながわ農業アカデミー 046-238-5274	〒243-0410 海老名市杉久保北 5-1-1
(財)山梨県農業振興公社 055-223-5747	〒400-0034 甲府市宝 1-21-20 NOSAI 会館 3F
(一社)岐阜県農畜産公社 058-276-4601	〒500-8384 岐阜市薮田南 5-14-12 県シンクタンク庁舎内
(公社)静岡県農業振興公社 054-250-8991	〒420-0853 静岡市葵区追手町 9-18 静岡中央ビル 7F
(公財)愛知県農業振興基金 052-951-3626	〒460-0003 名古屋市中区錦 3-3-8 JA あいちビル西館 3F
(公財)三重県農林水産支援センター 0598-48-1226	〒515-2316 松阪市嬉野川北町 530
(公社)新潟県農林公社 025-281-3480	〒950-0965 新潟市中央区新光町 15-2 県公社総合ビル内
(公社)富山県農林水産公社 076-441-7396	〒930-0096 富山市舟橋北町 4-19 富山県森林水産会館 6F
(公財)いしかわ農業総合支援機構 076-225-7621	〒920-8203 金沢市鞍月 2-20 石川県地場産業振興センター新館4F
(公社)ふくい農林水産支援センター 0776-21-8311	〒910-0003 福井市松本 3-16-10 福井合同庁舎 4F
(公社)長野県農業担い手育成基金 026-231-6222	〒380-0837 長野市大字南長野字幅下 692-2 県庁東庁舎 3F

＊都道府県の新規就農相談センターは、主に　各都道府県農業会議と都道府県青年農業者　等育成セン ター（おもに公益法人）によって運営されています。

都道府県農業会議

北海道農業会議 011(281)6761（直）	〒060-0005 札幌市中央区北 5 条西 6-1-23 北海道通信ビル 5F
青森県農業会議 017(774)8580（直）	〒030-0802 青森市本町 2-6-19 号 青森県土地改良会館 4F
岩手県農業会議 019(626)8545（直）	〒020-0024 盛岡市菜園 1-4-10 第 2 産業会館 4F
宮城県農業会議 022(275)9164（直）	〒981-0914 仙台市青葉区堤通雨宮町 4-17 県仙台合同庁舎
秋田県農業会議 018(860)3540（直）	〒010-0951 秋田市山王 4-1-2 秋田地方総合庁舎内
山形県農業会議 023(622)8716（直）	〒990-0041 山形市緑町 1-9-30 緑町会館内
福島県農業会議 024(524)1201（直）	〒960-8043 福島市中町 8-2 県自治会館内
茨城県農業会議 029(301)1236（直）	〒310-0852 水戸市笠原町 978-26 県市町村会館内
栃木県農業会議 028(648)7270（代）	〒320-0047 宇都宮市一の沢 2-2-13 とちぎアグリプラザ内
群馬県農業会議 027(280)6171（代）	〒371-0854 前橋市大渡町 1-10-7 県公社総合ビル内
埼玉県農業会議 048(829)3481（直）	〒330-0063 さいたま市浦和区高砂 3-12-9 県農林会館内
千葉県農業会議 043(222)1703（直）	〒260-0855 千葉市中央区市場町 1-1 千葉県庁南庁舎 9F
東京都農業会議 042(525)0780（直）	〒190-0023 立川市柴崎町 3-5-24 JA 東京第 2 ビル 2F
神奈川県農業会議 045(201)0895（直）	〒231-0021 横浜市中区日本大通 5-2 アーバンネット横浜ビル 2F
山梨県農業会議 055(228)6811（直）	〒400-0034 甲府市宝 1-21-20 県農業共済会館内
岐阜県農業会議 058(268)2527（代）	〒500-8384 岐阜市薮田南 5-14-12 岐阜県シンクタンク庁舎 2F
静岡県農業会議 054(255)7934（直）	〒420-0853 静岡市葵区追手町 9-18 静岡中央ビル 7F
愛知県農業会議 052(962)2841（直）	〒460-0001 名古屋市中区三の丸 2-6-1 愛知県三の丸庁舎 8F
三重県農業会議 059(213)2022（代）	〒514-0004 津市栄町 1-891 県合同ビル内
新潟県農業会議 025(223)2186（直）	〒951-8116 新潟市中央区東中通 1 番町 86 JA バンク県信連第 2 分室内
富山県農業会議 076(441)8961（直）	〒930-0096　富山市舟橋北町 4-19 県森林水産会館 6F
石川県農業会議 076(240)0540（直）	〒920-0362 金沢市古府 1-217 農業管理センター内
福井県農業会議 0776(21)8234（直）	〒910-8555 福井市松本 3-16-10 福井合同庁舎 2F
長野県農業会議 026(234)6871（直）	〒380-8570 長野市大字南長野字幅下 692-2 県庁東庁舎内

都道府県青年農業者等育成センター

（公財）滋賀県農林漁業担い手育成基金 077-523-5505	〒520-0807 大津市松本 1-2-20 滋賀県農業教育情報センター 2F
（公社）京都府農業総合支援センター 075-417-6847	〒602-8054 京都市上京区出水通油小路東入丁子風呂町 104-2 府庁西別館 2F
大阪府就農相談窓口 06-6210-9596	〒559-8555 大阪市住之江区南港北 1-14-16 咲洲庁舎 22F
（公社）兵庫みどり公社 078-361-8114	〒650-0011 神戸市中央区下山手通 5-7-18 兵庫県下山手分室
（公財）奈良なら担い手・農地サポートセンター 0744-21-5020	〒634-0065 橿原市畝傍町 53
（公財）和歌山県農業公社 073-441-2932	〒640-8263 和歌山市茶屋ノ丁 2-1 和歌山県自治会館 6F
（公財）鳥取県農業農村担い手育成機構 0857-26-8349	〒680-0011 鳥取市東町 1-271 県庁第 2 庁舎 8F
（公財）しまね農業振興公社 0852-20-2872	〒690-0876 松江市黒田町 432-1 島根県土地改良会館 3F
（公財）岡山県農林漁業担い手育成財団 086-226-7423	〒703-8278　岡山市中区古京町 1-7-36　県庁分庁舎 4F
広島県農業担い手支援課 082-513-3551	〒730-8511 広島市中区基町 10-52
（公財）やまぐち農林振興公社 083-924-8900	〒753-0821 山口市葵 2-5-69
（公財）徳島県農業開発公社 088-621-3083	〒770-0011 徳島市北佐古 1-5-12 徳島 JA 会館 8F
（公財）香川県農地機構 087-831-3211	〒760-0068 高松市松島町 1-17-28 県高松合同庁舎 5F
（公財）えひめ農林漁業振興機構 089-945-1542	〒790-8570 松山市一番町 4-4-2 県庁第 2 別館内
（公財）高知県農業公社 088-823-8618	〒780-0850 高知市丸ノ内 1-7-52 県庁西庁舎 3F
（公財）福岡県農業振興推進機構 092-716-8355	〒810-0001 福岡市中央区天神 4-10-12 ＪＡ福岡県会館 2F
（公社）佐賀県農業公社 0952-20-1590	〒849-0925 佐賀市八丁畷町 8-1 県総合庁舎 4F
（公財）長崎県農林水産業担い手育成基金 0957-25-0031	〒854-0062 諫早市小船越町 3171
（公財）熊本県農業公社 096-385-2679	〒862-8570 熊本市中央区水前寺 6-18-1 県庁内
（公社）大分県農業農村振興公社 097-535-0400	〒870-0044 大分市舞鶴町 1-4-15
（公社）宮崎県農業振興公社 0985-51-2011	〒880-0913 宮崎市恒久 1-7-14
（公社）鹿児島県農業・農村振興協会 099-213-7223	〒890-8577　鹿児島市鴨池新町 10-1 県庁 11F
（公財）沖縄県農業振興公社 098-882-6801	〒901-1112 島尻郡南風原町字本部 453-3 土地改良会館 3F

都道府県農業会議

滋賀県農業会議 077(523)2439（直）	〒520-0807 大津市松本 1-2-20 県農業教育情報センター内
京都府農業会議 075(441)3660（直）	〒602-8054 京都市上京区出水通油小路東入丁子風呂町 104-2 府庁西別館内
大阪府農業会議 06(6941)2701（直）	〒540-0011 大阪市中央区農人橋 2-1-33 JA バンク大阪信連事務センター
兵庫県農業会議 078(391)1221（代）	〒650-0011 神戸市中央区下山手通 4-15-3 兵庫県農業共済会館内
奈良県農業会議 0742(22)1101（代）	〒630-8501 奈良市登大路町 30 県庁分庁舎内
和歌山県農業会議 073(428)4165（直）	〒640-8263 和歌山市茶屋ノ丁 2-1 和歌山県自治会館 6F
鳥取県農業会議 0857(26)8371（直）	〒680-8570 鳥取市東町 1-271 県庁第 2 庁舎 8F
島根県農業会議 0852(22)4471（直）	〒690-0876 松江市黒田町 432-1 島根県土地改良会館 3F
岡山県農業会議 086(234)1093（直）	〒700-0826 岡山市北区磨屋町 9-18 県農業会館内
広島県農業会議 082(545)4146（直）	〒730-0051 広島市中区大手町 4-2-16 農業共済会館内
山口県農業会議 083(923)2102（直）	〒753-0072 山口市大手町 9-11 山口県自治会館 2F
徳島県農業会議 088(678)5611（直）	〒770-0011 徳島市北佐古 1-5-12 徳島県ＪＡ会館 8F
香川県農業会議 087(812)0810（代）	〒760-0068 高松市松島町 1-17-28 県高松合同庁舎内
愛媛県農業会議 089(943)2800（直）	〒790-8570 松山市一番町 4-4-2 県庁内
高知県農業会議 088(824)8555（直）	〒780-0850 高知市丸ノ内 1-7-52 高知県庁西庁舎 3F
福岡県〒農業会議 092(711)5070（直）	〒810-0001 福岡市中央区天神 4-10-12 JA 福岡県会館
佐賀県農業会議 0952(20)1810（直）	〒849-0925 佐賀市八丁畷町 8-1 佐賀総合庁舎 4F
長崎県農業会議 095(822)9647（直）	〒850-0861 長崎市江戸町 2-1 県庁第 3 別館内
熊本県農業会議 096(384)3333（直）	〒862-8570 熊本市中央区水前寺 6-18-1 県庁内
大分県農業会議 097(532)4385（直）	〒870-0044 大分市舞鶴町 1-4-15 農業会館別館 2F
宮崎県農業会議 0985(73)9211（直）	〒880-0913 宮崎市恒久 1-7-14
鹿児島県農業会議 099(286)5815（直）	〒890-8577 鹿児島市鴨池新町 10-1 県庁内
沖縄県農業会議 098(889)6027（直）	〒901-1112 島尻郡南風原町字本部 453-3 土地改良会館

農業大学校などの農業研修施設

全国型教育機関（＊2015年度の研修実施機関）

北海道

学校法人八紘学園　北海道農業専門学校
011-851-8236
〒062-0052 北海道札幌市豊平区月寒東2条14-1-34

北海道

国立大学法人帯広畜産大学　草地畜産専修（別科）
0155-49-5216
〒080-8555 北海道帯広市稲田町西2線11

茨城県

鯉淵学園農業栄養専門学校
029-259-2811
〒319-0323 茨城県水戸市鯉淵町5965

茨城県

専修学校　日本農業実践学園
029-259-2002
〒319-0315 茨城県水戸市内原町1496

群馬県

中央農業グリーン専門学校
027-220-1200
〒371-0805 群馬県前橋市南町2-31-1

東京都

日本農業経営大学校
03-5781-3751
〒108-0075 東京都港区港南2-10-13 農林中金品川研修センター5F

東京都

公益社団法人 国際農業者交流協会
03-5703-0251
〒144-0051 東京都大田区西蒲田5-27-14 日研アラインビル8F

静岡県

公益財団法人 農業・環境・健康研究所 農業大学校
0558-79-0610
〒410-2311 静岡県伊豆の国市浮橋1606-2

長野県

八ヶ岳中央農業実践大学校
0266-74-2111
〒391-0112 長野県諏訪郡原村17212-118

滋賀県

タキイ研究農場付属園芸専門学校
0748-72-1271
〒520-3231 滋賀県湖南市針1360

鳥取県

一般財団法人日本きのこセンター 菌蕈（きんじん）研究所
0857-51-8111
〒689-1125 鳥取県鳥取市古郡家211

岡山県

公益財団法人中国四国酪農大学校
0867-66-3651
〒717-0604 岡山県真庭市蒜山西茅部632

道府県教育機関

北海道	北海道立農業大学校 〒089-3675 北海道中川郡本別町西仙美里 25-11	0156-24-2121
青森県	青森県営農大学校 〒039-2598 青森県上北郡七戸町字大沢 48-8	0176-62-3111
岩手県	岩手県立農業大学校 〒029-4501 岩手県胆沢郡金ヶ崎町六原字蟹子沢 14	0197-43-2211
秋田県	秋田県農業研修センター（秋田県農業試験場内） 〒010-1231 秋田県秋田市雄和相川字源八沢 34-1	018-881-3611
宮城県	宮城県立農業大学校 〒981-1243 宮城県名取市高舘川上字東金剛寺 1	022-383-8138
山形県	山形県立農業大学校 〒996-0052 山形県新庄市大字角沢 1366	0233-22-1527
福島県	福島県農業総合センター　農業短期大学校 〒969-0292 福島県西白河郡矢吹町一本木 446-1	0248-42-4111
茨城県	茨城県立農業大学校 〒311-3116 茨城県東茨城郡茨城町長岡 4070-186	029-292-0419
栃木県	栃木県農業大学校 〒321-3238 栃木県宇都宮市上籠谷町 1145-1	028-667-0711
群馬県	群馬県立農林大学校 〒370-3105 群馬県高崎市箕郷町西明屋 1005	027-371-3244
埼玉県	埼玉県農業大学校 〒360-0112 埼玉県熊谷市樋春 2010	048-501-6845
千葉県	千葉県立農業大学校 〒283-0001 千葉県東金市家之子 1059	0475-52-5121
神奈川県	神奈川県立かながわ農業アカデミー 〒243-0410 神奈川県海老名市杉久保北 5-1-1	046-238-5274
山梨県	山梨県農政部　専門学校農業大学校 〒408-0021 山梨県北杜市長坂町長坂上条 3251	0551-32-2269
長野県	長野県農業大学校 〒381-1211 長野県長野市松代町大室 3700	026-278-5211

道府県教育機関

静岡県	静岡県立農林大学校 〒438-8577 静岡県磐田市富丘 678-1	0538-36-0211
新潟県	新潟県農業大学校 〒953-0041 新潟県新潟市西蒲区巻甲 12021	0256-72-3141
富山県	富山県農林水産公社 農業担い手育成課（長期実践研修事業） 〒930-0096 富山県富山市舟橋北町 4-19 県農林水産会館	076-441-7396
石川県	いしかわ耕稼塾（公益財団法人いしかわ農業総合支援機構） 〒920-8203 石川県金沢市鞍月 2-20 県地場産業振興センター新館	076-225-7621
福井県	ふくい園芸カレッジ（福井県新規就農支援施設） 〒910-4112 福井県あわら市井江葭 50-8	0776-78-7873
岐阜県	岐阜県農業大学校 〒509-0241 岐阜県可児市坂戸 938	0574-62-1226
愛知県	愛知県立農業大学校 〒444-0802 愛知県岡崎市美合町字並松 1-2	0564-51-1601
三重県	三重県農業大学校 〒515-2316 三重県松阪市嬉野川北町 530	0598-42-1260
滋賀県	専修学校滋賀県立農業大学校（農業技術振興センター農業大学校） 〒521-1301 滋賀県近江八幡市安土町大中 503	0748-46-2551
京都府	京都府立農業大学校 〒623-0221 京都府綾部市位田町桧前 30	0773-48-0321
大阪府	(地独)大阪府立環境農林水産総合研究所 農業大学校 〒583-0862 大阪府羽曳野市尺度 442	072-958-6551
兵庫県	専修学校 兵庫県立農業大学校 〒679-0104 兵庫県加西市常吉町 1256-4	0790-47-1551
奈良県	奈良県農業大学校 〒634-0813　奈良県橿原市四条町 88	0744-47-3430
和歌山県	和歌山県農業大学校 〒649-7112 和歌山県伊都郡かつらぎ町中飯降 422	0736-22-2203
鳥取県	鳥取県立農業大学校 〒682-0402 鳥取県倉吉市関金町大鳥居 1238	0858-45-2411

県	学校名・所在地	電話番号
島根県	島根県立農林大学校 〒699-2211 島根県大田市波根町 970-1	0854-85-7011
岡山県	岡山県農業総合センター 農業大学校（専修学校） 〒701-2223 岡山県赤磐市東窪田 157	086-955-0550
広島県	広島県立農業技術大学校 〒727-0003 広島県庄原市是松町 55-1	0824-72-0094
山口県	山口県立農業大学校 〒747-0004 山口県防府市牟礼 318	0835-38-0510
徳島県	徳島県立農林水産総合技術センター 農業大学校（専修学校） 〒779-3233 徳島県名西郡石井町石井 1660	088-674-1026
香川県	香川県立農業大学校 〒766-0004 香川県仲多度郡琴平町榎井 34-3	0877-75-1141
愛媛県	愛媛県立農業大学校 〒791-0112 愛媛県松山市下伊台町 1553	089-977-3261
高知県	高知県立農業大学校 〒781-2128 高知県吾川郡いの町波川 234	088-892-3000
福岡県	福岡県農業大学校 〒818-0004 福岡県筑紫野市大字吉木 767	092-925-9129
佐賀県	佐賀県農業大学校 〒840-2205 佐賀県佐賀市川副町南里 1088	0952-45-2144
長崎県	長崎県立農業大学校 〒854-0062 長崎県諫早市小船越町 3171	0957-26-1016
熊本県	熊本県立農業大学校 〒861-1113 熊本県合志市栄 3805	096-248-1188
大分県	大分県立農業大学校 〒879-7111 大分県豊後大野市三重町赤嶺 2328-1	0974-22-7581
宮崎県	宮崎県立農業大学校 〒884-0005 宮崎県児湯郡高鍋町大字持田 5733	0983-23-0120
鹿児島県	鹿児島県立農業大学校 〒899-3311 鹿児島県日置市吹上町和田 1800	099-245-1071
沖縄県	沖縄県立農業大学校 〒905-0019 沖縄県名護市大北 1-15-9	0980-52-0050

道府県Ｉ・Ｊ・Ｕターン就職情報等提供・相談窓口

地元に設置されているＩ・Ｊ・Ｕターン定住・相談窓口

北海道	◇北海道移住促進協議会 〒060-8607 札幌市中央区北１条西７プレスト１・７ビル 4F	011-251-3188
青森県	◇移住・交流総合窓口 〒030-8570 青森市長島 1-1-1 県庁南棟 3F	017-734-9174
岩手県	◇定住・交流サポートセンター 〒020-8570　盛岡市内丸 10-1 県庁内 （公財）ふるさといわて定住財団 〒020-0022 盛岡市大通 3-2-8　岩手県金属工業会館 6F	019-629-5194 019-653-8976
宮城県	◇みやぎ移住サポートセンター 〒980-0811 仙台市青葉区中央 1-2-3 仙台マークワンビル 18F	022-216-5001
秋田県	◇（公財）秋田県ふるさと定住機構 〒010-1413　秋田市御所野地蔵田 3-1-1 秋田テルサ 3F	018-826-1731
山形県	◇すまいる山形暮らし案内所 〒990-8570 山形市松波 2-8-1 県庁内	023-630-3083
福島県	◇ふるさと福島就職情報センター・福島窓口 〒960-8053 福島市三河南町 1-20 コラッセふくしま 2F	024-525-0047
茨城県	◇いばらき就職・生活総合支援センター 〒310-0011 水戸市三の丸 1-7-41	029-300-1916
栃木県	◇“とちぎ暮らし”推進協議会（地域振興課） 〒320-8501 宇都宮市塙田 1-1-20	028-623-2236
静岡県	◇ふじのくに移住・定住相談コーナー 〒420-8601 静岡市葵区追手町 9-6 県庁東館 11F 交流促進課内	054-221-2610
愛知県	◇愛知県交流居住センター 〒460-0003 名古屋市中区錦 1-11-20 大永ビル５F	052-232-1750
新潟県	◇新潟県総務管理部地域政策課交流・定住促進班 〒950-8570 新潟市中央区新光町 4-1	025-280-5088
富山県	◇「くらしたい国、富山」推進本部 〒930-8501 富山市新総曲輪 1-7	076-444-4496
福井県	◇ふるさと福井移住定住促進機構 〒910-0858 福井市手寄 1-4-1 AOSSA 7F	0776-43-6295
長野県	◇長野県企画振興部地域振興課（信州暮らし案内人） 〒380-8570 長野市大字南長野字幅下 692-2 県庁内 ◇長野県商工労働部労働雇用課 〒380-8570 長野市大字南長野字幅下 692-2 県庁内	026-233-1794 026-235-7118
岐阜県	◇岐阜県清流の国づくり政策課 〒500-8570 岐阜市薮田南 2-1-1 岐阜県庁 3F ◇岐阜県総合人材チャレンジセンター 〒500-8384 岐阜市薮田南 5-14-12 岐阜県シンクタンク庁舎 2F	058-272-8078 058-278-1149
三重県	◇おしごと広場みえ 〒514-0009 津市羽所町 700 アスト津 3F	059-222-3309
京都府	◇京の田舎ぐらし・ふるさとセンター 〒602-8054 京都市上京区出水通油小路東入ル丁子風呂町 104-2 府庁西別館 2F ◇京都ジョブパーク農林水産業コーナー 〒601-8047 京都市南区東九条下殿田町 70 京都テルサ西館 3F	075-441-6624 075-682-1800

兵庫県	ひょうご・しごと情報広場 〒650-0044 神戸市中央区東川崎町 1-1-3 神戸クリスタルタワー 12F	078-360-6216
奈良県	◇移住相談ワンストップ窓口 〒634-0003 橿原市常盤町 605-5 総合庁舎 3F	0744-48-3016
和歌山県	◇和歌山県企画部過疎対策課 〒640-8585 和歌山市小松原通 1-1 ◇和歌山県ふるさと定住センター 〒649-4222 東牟婁郡古座川町直見 212 ◇和歌山県農業大学校就農支援センター 〒644-0024 御坊市塩屋町南塩屋 724	073-441-2426 0735-78-0005 0738-23-3488
鳥取県	◇（公財）ふるさと鳥取県定住機構 〒680-0846 鳥取市扇町 7 鳥取フコク生命駅前ビル 1F	0857-24-4740
島根県	◇（公財）ふるさと島根定住財団 〒690-0003 松江市朝日町 478-18 松江テルサ 3F	0852-28-0690
岡山県	◇岡山県中山間・地域振興課 〒700-8570 岡山市北区内山下 2-4-6 県庁 8F ◇岡山県労働雇用政策課 〒700-8570 岡山市北区内山下 2-4-6 県庁 7F	086-226-7267 086-226-7599
広島県	◇広島県中山間地域振興課 〒730-8511 広島市中区基町 10-52 県庁南館 2F ◇ひろしま夢ぷらざ 田舎暮らし相談コーナー 〒730-0035 広島市中区本通 8-28	082-513-2632 082-544-1122
山口県	◇やまぐち暮らし総合支援センター 〒754-0014 山口市小郡高砂町 1-20	083-976-0277
徳島県	◇とくしまジョブステーション 〒770-0831 徳島市寺島本町西 1-61 徳島駅クレメントプラザ 5F	088-625-3190
愛媛県	◇愛媛ふるさと暮らし応援センター 〒790-0065 松山市宮西 1-5-19 号 愛媛県商工会連合会館 3F	089-922-4110
高知県	◇高知県移住・交流コンシェルジュ 〒780-8570 高知市丸ノ内 1-2-20 県庁 3F ◇U・I ターン企業就職支援センター 〒780-0870 高知市本町 2-2-29 畑山ビル 5F	088-823-9336 0120-103-245
佐賀県	◇佐賀県のしごと相談室 〒840-8570 佐賀市城内 1-1-59 新行政棟 2F	0952-25-7066
長崎県	◇長崎県企画振興部地域づくり推進課 〒850-8570 長崎市江戸町 2-13	095-895-2241
熊本県	◇熊本県企画振興部地域振興課 〒862-8570 熊本市中央区水前寺 6-18-1 ◇熊本県 U ターン事務所 〒862-0950 熊本市中央区水前寺 1-4-1 水前寺駅ビル 2F 熊本県雇用環境整備協会内	096-33-2181 0120-827-867
大分県	◇おおいた産業人財センター 〒870-0035 大分市中央町 3-6-11 ガレリア竹町内 ◇大分県企画振興部 観光・地域局 集落応援室 〒870-8501 大分市大手町 3-1-1 大分県庁舎本館 3F	097-533-2631 097-506-2125
宮崎県	◇宮崎県中山間・地域政策課 〒880-8501 宮崎市橘通東 2-10-1	0985-26-7035

道府県I・J・Uターン就職情報等提供・相談窓口

北海道	●北海道IJU（移住）情報コーナー 〒102-0093 東京都千代田区平河町2-6-3 都道府県会館15F 北海道東京事務所内	03-5212-9208
青森県	●あおもりUターン就職支援センター 〒102-0093 東京都千代田区平河町2-6-3 都道府県会館7F 青森県東京事務所内 ●青森暮らしサポートセンター（首都圏ブース） 〒100-0006 東京都千代田区有楽町2-10-1 東京交通会館5F	03-3238-9990 03-6273-4401
岩手県	●岩手県Uターンセンター 〒104-0061 東京都中央区銀座5-15-1 南海東京ビル1F いわて銀河プラザ内 ●岩手県Uターンセンター・大阪 〒530-0001 大阪市北区梅田1-3-1-900 大阪駅前第1ビル 9F 岩手県大阪事務所内	03-3524-8284 06-6341-3258
宮城県	●みやぎ移住サポートセンター 〒100-0004 東京都千代田区大手町2-6-4	03-6734-1344
秋田県	●Aターンプラザ秋田 〒102-0093 東京都千代田区平河町2-6-3 都道府県会館7F 秋田県東京事務所内 ●秋田県大阪事務所 〒530-0001 大阪市北区梅田1-3-1-900 大阪駅前第一ビル9F	0120-122-255 06-6341-7897
山形県	●山形県Uターン情報センター 〒102-0093 東京都千代田区平河町2-6-3 都道府県会館13F 山形県東京事務所内 ●山形県大阪事務所 〒530-0001 大阪市北区梅田1-3-1-800 大阪駅前第1ビル8F	03-5212-8996 06-6341-6816
福島県	●ふるさと福島就職情報センター 〒100-0006 東京都千代田区有楽町2-10-1 東京交通会館5F	03-3214-9009
群馬県	●ぐんま総合情報センター「ぐんまちゃん家」 〒104-0061 東京都中央区銀座5-13-19 デュープレックス銀座タワー5/13 1・2F	03-3546-8511
茨城県	●いばらき暮らしサポートセンター 〒100-0006 東京都千代田区有楽町2-10-1 東京交通会館5F ●いばらき移住・就職相談センター 〒102-0093 東京都千代田区平河町2-6-3 都道府県会館9F 茨城県東京事務所内	080-9552-5333 03-5212-9088
山梨県	●やまなし暮らし支援センター 〒100-0006 東京都千代田区有楽町2-10-1 ふるさと回帰支援センター内 ●やまなしU・Iターン就職情報コーナー大阪 〒530-0001 大阪府大阪市北区梅田1-1-3-2100 山梨県大阪事務所内	03-6273-4306 06-6344-5961

富山県	●富山県東京Uターン情報センター 〒112-0001 東京都文京区白山 5-1-3 東京富山会館ビル 5F ●富山県大阪Uターン情報センター 〒550-0004 大阪市西区靭本町 1-9-15 近畿富山会館 3F	03-6734-1497 06-6445-2811
石川県	●石川県東京 UI ターン相談室 〒100-8228 東京都千代田区大手町 2-6-4 パソナ本部ビル 石川県東京事務所内 ●石川県大阪 UI ターン相談室 〒530-0047 大阪市北区西天満 4-14-3 リゾートトラスト御堂筋ビル 2F 石川県大阪事務所内	03-5212-9016 06-6363-3077
福井県	●福井県ふるさと帰住センター東京オフィス 〒100-0006 東京都千代田区有楽町 2-10-1 ふるさと回帰支援センター内 ●福井県ふるさと帰住センター大阪オフィス 〒541-0048 大阪市中央区瓦町 2-2-14 福井県大阪事務所内	03-6723-4322 06-6226-1688
長野県	●長野県移住・交流センター 〒104-0061 東京都中央区銀座 5-6-5 NOCO ビル4F	03-6274-6016
新潟県	●にいがたUターン情報センター 〒150-0001 東京都渋谷区神宮前 4-11-7 表参道・新潟館ネスパス 2F	03-5771-7713
静岡県	●静岡U・Iターン就職サポートセンター 〒102-0093 東京都品川区上大崎 2-25-2 新目黒東急ビル6F (株)シグマスタッフ内	0800-800-6617
三重県	●ええとこやんか三重・移住相談センター 〒100-0006 東京都千代田区有楽町 2-10-1 ふるさと回帰支援センター内	03-6273-4401
和歌山県	●きのくにUターンセンター 〒102-0093 東京都千代田区平河町 2-6-3 都道府県会館 12F 和歌山県東京事務所内	03-5212-9057
鳥取県	●ふるさと鳥取定住コーナー（東京） 〒102-0093 東京都千代田区平河町 2-6-3 都道府県会館 10F 鳥取県東京本部内 ●ふるさと鳥取定住コーナー（大阪） 〒530-0001 大阪市北区梅田 1-1-3-2200 大阪駅前第3ビル 22F 鳥取県関西本部内	03-5215-5117 06-6455-0233
島根県	●島根県ふるさと定住・雇用情報コーナー（東京） 〒103-0022 東京都中央区日本橋室町 1-5-3 福島ビル 1F にほんばし島根館内 ●島根県ふるさと定住・雇用情報コーナー（大阪） 〒530-0047 大阪市北区西天満 3-13-18 島根ビル 2F 島根県大阪事務所内 ●島根県ふるさと定住・雇用情報コーナー（広島） 〒730-0032 広島市中区立町 1-23 ごうぎん広島ビル 3F 島根県広島事務所内	0120-60-2357 0120-70-2357 082-541-2410

道府県I・J・Uターン就職情報等提供・相談窓口

県	窓口・所在地	電話番号
岡山県	●岡山県企業人材確保支援センター東京ブランチ 〒102-0093 東京都千代田区平河町 2-6-3 都道府県会館 10F　岡山県東京事務所内	03-5212-9080
	●岡山県企業人材確保支援センター大阪ブランチ 〒530-0004 大阪市北区堂島浜 2-1-29 岡山県大阪事務所内	06-6131-6390
広島県	●東京ふるさと就職情報コーナー 〒105-0001 東京都港区虎ノ門 1-2-8 虎ノ門琴平タワー 22F 広島県東京事務所内	03-3580-0851
	●大阪ふるさと就職情報コーナー 〒530-0001 大阪市北区梅田 1-3-1-800 大阪駅前第 1 ビル 8F 広島県大阪情報センター内	06-6345-5821
山口県	●やまぐち暮らし東京支援センター 〒100-0006 東京都千代田区有楽町 2-10-1 ふるさと回帰支援センター内	03-6273-4887
	●やまぐち暮らし大阪支援センター 〒530-0001 大阪市北区梅田 2-4-13 阪神産経桜橋ビル 2F 山口県大阪営業本部内	06-6341-0755
徳島県	●徳島県東京本部徳島 U ターンコーナー 〒102-0093 東京都千代田区平河町 2-6-3 都道府県会館 14F 徳島県東京事務所内	03-5212-9022
	●徳島県大阪本部徳島 U ターンコーナー 〒542-0081 大阪市中央区南船場 3-9-10 徳島ビル 4F 徳島県大阪事務所内	06-6251-3273
香川県	●香川県東京人材 U ターンコーナー 〒102-0093 東京都千代田区平河町 2-6-3 都道府県会館 9F 香川県東京事務所内	03-5212-9100
	●香川県大阪人材 U ターンコーナー 〒542-0083 大阪市中央区東心斎橋 1-18-24 クロスシティ心斎橋 4F	06-6281-1661
愛媛県	●愛媛県東京事務所 〒102-0093 東京都千代田区平河町 2-6-3 都道府県会館 11F	03-5212-9071
	●愛媛県大阪事務所 〒550-0002 大阪市西区江戸堀 1-9-1 肥後橋センタービル 1F	06-6441-2829
高知県	●高知県東京事務所 〒100-0011 東京都千代田区内幸町 1-3-3 内幸町ダイビル 7F	03-3501-5541
	●高知県大阪事務所 〒541-0053 大阪市中央区本町 2-6-8 センバセントラルビル 1F	06-6244-4351

佐賀県	●佐賀県経営支援本部首都圏営業本部 〒102-0093 東京都千代田区平河町 2-6-3 都道府県会館 11F ●佐賀県関西・中京営業本部 〒530-0001 大阪市北区梅田 1-3-1-900 大阪駅前第 1 ビル 9F	03-5212-9073 06-6344-8031
長崎県	●長崎県東京事務所 〒102-0093 東京都千代田区平河町 2-6-3 都道府県会館 14F ●長崎県大阪事務所 〒530-0001 大阪市北区梅田 1-3-1-800 大阪駅前第 1 ビル 8F	03-5212-9025 06-6341-0012
熊本県	●熊本県東京事務所 〒104-0061 東京都中央区銀座 5-3-16 ●熊本県大阪事務所 〒530-0001 大阪市北区梅田 1-1-3-2100 大阪駅前第 3 ビル 21F	03-3572-5022 06-6344-3883
大分県	●大分県東京事務所 〒104-0061 東京都中央区銀座 2-2-2 ヒューリック西銀座ビル 6F ●大分県大阪事務所 〒530-0001 大阪市北区梅田 1-1-3-2100 大阪駅前第 3 ビル 21F ●大分県福岡事務所 〒810-0001 福岡市中央区天神 2-14-8 福岡天神センタービル 10F	03-6862-8787 06-6345-0071 092-721-0041
宮崎県	●ふるさと宮崎就職相談窓口（東京） 〒100-0006 東京都千代田区有楽町 2-10-1 ふるさと回帰支援センター内 ●ふるさと宮崎就職相談窓口（大阪） 〒530-0001 大阪市北区梅田 1-3-1-900 大阪駅前第 1 ビル 9F 宮崎県大阪事務所内 ●ふるさと宮崎就職相談窓口（福岡） 〒810-0001 福岡市中央区天神 2-12-1 天神ビル 8F	03-6273-4200 06-6345-7631 092-724-6234
鹿児島県	●新規就農相談所・ふるさと人材相談室（東京） 〒102-0093 東京都千代田区平河町 2-6-3 都道府県会館 12F 鹿児島県東京事務所内 ●新規就農相談所・ふるさと人材相談室（大阪） 〒530-0001 大阪市北区梅田 1-3-1-900 大阪駅前第 1 ビル 9F11 号 鹿児島県大阪事務所内 ●鹿児島県新規就農相談所（福岡） 〒812-0012 福岡市博多区博多駅中央街 8-36 博多ビル 8F 鹿児島県福岡事務所内	03-5212-9062 06-6341-5618 092-441-2852

参考資料

[農林水産省]

- 新規就農者調査（平成18年～26年、平成26年版は2015年9月公表）
- 図説　食料・農業・農村白書（平成26年度、2015年）
- 農林水産省ホームページ（http://www.maff.go.jp）

[全国新規就農相談センター（全国農業会議所）]

- 就農案内読本2015 －農業を仕事にしたい人の完全攻略マニュアル－
- 新規就農者の就農実態に関する調査結果－平成25年度－（2014年3月）
- 全国新規就農相談センターホームページ（http://www.nca.or.jp/Be-farmer）

[認定ＮＰＯ法人ふるさと回帰支援センター]

- ホームページ（http://www.furusatokaiki.net/）

[移住・交流情報ガーデン]

- 全国移住ナビ（https://www.iju-navi.soumu.go.jp/ijunavi/）

- 神山安雄『改訂　農業起業のしくみ』（日本実業出版社）

取材・編集協力

- 全国農業会議所
- 公益社団法人 日本農業法人協会
- 一般社団法人 全国農業改良普及支援協会
- NPO法人ふるさと回帰支援センター
- 大船渡農業改良普及センター
- ぐんま農業実践学校
- 日本農業実践学園
- 鴨川いきいき帰農者セミナー
- かながわ農業アカデミー
- 山梨農業大学校

編著者

神山安雄（かみやま　やすお）

1948年生まれ。上智大学経済学部卒業。法政大学大学院社会科学研究科修士課程終了。1973年全国農業会議所に入り、全国農業新聞編集部長、全国新規就農相談センター所長などを経て、2005年退職。現在、國學院大學経済学部・法政大学経済学部で兼任講師（農業経済）を努めると共にフリーの農政ジャーナリスト・評論家として活動。主な著書に『改訂　農業起業のしくみ』（日本実業出版社）『「農政改革」下の農業・農村』（農林統計出版）、『日本農業－その構造変動』（共著・農林統計協会）などがある。

取材協力

小西淳子、菅井理恵、宮崎健一、石黒 昭弘

本文レイアウト・装丁　酒井かおる

定年就農 －小さな農でつかむ生きがいと収入－

2016年7月25日　第一刷発行

編著者　神山安雄

発行者　三浦信夫

発行所　株式会社素朴社

〒164-0013　東京都中野区弥生町2-8-15　ヴィアックスビル4Ｆ

電話：03-6276-8301　FAX：03-6276-8385

振替　00150-2-52889

http://www.sobokusha.jp

印刷・製本　壮光舎印刷株式会社

ISBN978-4-903773-25-4　C2061　　価格はカバーに表示してあります。

素朴社の本

＜島崎昌美・絵手紙集＞

「ありがとう」を申します

－絵と言葉でかくこころのかたち－

出版社で働くこと36年、60歳を過ぎて間もなく脳梗塞で倒れるも一か月で退院。義母や実母を介護しながら描かれた絵や言葉からは、天地の恵みへの感謝、縁するすべての人への“おかげさま”の心が伝わってきます。

母へ ありがとうの絵手紙

－届けたい心の花束－

戦中戦後の生きるのが困難な時代に、ひたむきに夫を支え、子どもたちを育てた働きものの実母、穏やかでいつも周りを和ませた義母。「幸せとは何かを二人の母から教えられた」と語る著者の思いが言葉にも絵にも溢れています。

ともにＡＢ判変型、オールカラー
本体 1,500 円＋税

「養生訓」に学ぶ！ 病気にならない生き方

- 元気で人生を楽しむために大切なこと -

下方　浩史著

江戸時代７１歳まで藩に仕え、その後は旺盛な執筆活動を続け、８５歳まで健康でしなやかに生きた貝原益軒の体験に基づいた健康法と最新の予防医学を融合した、元気で人生を楽しむための知恵と方法。

四六版、２色刷、本体 1,400 円＋税